# 50 Jahre Überraschungs-Ei



## 1974 - 2024

## Ein Spielzeug wird zum Sammlerstück

**André Feiler**


Kästnerstr. 4
D-28279 Bremen

Tel.: +49 (0)421 95 93 145

E-Mail: kontakt@feiler-verlag.de
Web: www.feiler-verlag.de

Bilder Cover: Adobe Stock - Hen and Egg, Empty wooden table with party in garden background blurred.

Printed in Lithuania by UAB BALTO print, 08217 Vilnius

1. Auflage

# Inhaltsverzeichnis

# Die Redaktion

André und Katharina Feiler (Bremen)

Der gebürtige Bremer ist den Sammlern als Herausgeber der O-Ei-A Preisführer, als Händler und Veranstalter von Sammlerbörsen bekannt. Mit seiner über 25-jährigen Erfahrung auf diesem Sammelgebiet zeichnet er sich für die Texte, Interviews und Bilder in diesem Buch verantwortlich. Der rege Austausch und die Unterstützung seiner Frau Katharina sind dabei wichtige Stützen.

Dr. Axel & Gina Schlote (Osnabrück)

Der Austausch mit Axel Schlote - Sammler, Buchautor und ehemaliger Redenschreiber für den Bundestag - sowohl als Ratgeber, aber auch als Lektor, ist schon bei vielen vorherigen Buchprojekten rund um das Sammeln unverzichtbar gewesen. Die Karikaturen zu den verschiedenen Sammlertypen am Ende dieses Buchs sind das geniale Werk seiner Frau Gina.

Emily (Flensburg)

Familie Feiler lernte die angehende Abiturientin im Jahr 2022 im Urlaub kennen. Durch ihre offene, kommunikative Art und ihre zielstrebige Arbeitsweise qualifizierte sie sich für verschiedene Aufgaben innerhalb dieses Projekts. So kümmerte sie sich um das Setzen der Texte und Fotos und war stark in die Bearbeitung der Übersetzung ins Englische eingebunden.

Boris Müller (Walsrode)

Er gilt in der Sammlerszene seit über zwei Jahrzehnten unangefochten als die Koryphäe auf dem Sammelgebiet. Auf sein Wissen kann man bei den Vorarbeiten zu diesem Buch nicht verzichten. Sein Forschergeist und die geradezu wissenschaftliche Aufarbeitung vieler Themen rund um das Überraschungs-Ei flossen in dieses Buch mit ein.

Rico Steger (Chemnitz)

Seit 2009 zeichnet sich der Mediendesigner für das Layout aller im Feiler Verlag erschienenen Medien verantwortlich, so auch für dieses Buch. Seine Handschrift verleiht den Büchern stets eine klare Struktur mit einem hohen Wiedererkennungswert. Ohne sein Knowhow in allen technischen Fragen würde es nicht gehen, danke für Deine jahrelange Mitarbeit!

## Ein Prosit auf 50 Jahre!

Liebe Leserinnen und Leser,
liebe Kinder und Kind-Gebliebene,

im Jahr 2024 wird das legendäre Überraschungs-Ei von Ferrero 50 Jahre alt! Grund genug, nicht nur zu gratulieren. Wir wollen aus diesem Anlass auch auf die Geschichte des Jubilars zurückschauen und die Höhepunkte eines halben Jahrhunderts Revue passieren lassen. Wie fing alles an? Warum wurde dieses kleine Produkt aus Schokolade und Plastik ein weltweiter Kassenschlager und ist es bis zum heutigen Tag geblieben? Die Sammelleidenschaft ist inzwischen ein globales Phänomen. Gesammelt und gehortet wird heute nicht mehr nur in Deutschland und Europa, sondern ebenso auf dem gesamten amerikanischen Kontinent, in vielen Ländern Asiens, aber auch in Australien und Neuseeland.

Das war nicht immer so. Anfangs, in den ersten gut 15 Jahren, war das Ü-Ei vor allem nur das, was es sein sollte: eine Süßigkeit für Kinder mit einer Spielzeug-Überraschung als Beigabe. Sammler ignorierten dieses Phänomen weitgehend. Doch dann ging Anfang der 90er Jahre alles rasend schnell: Ein regelrechter Boom brach damals über Deutschland herein; es gab kaum jemanden, der sich nicht mit dem Sammelvirus infizierte. Palettenweise wurden

Überraschungs-Eier aus dem Supermarkt geschoben, die Gemüsewaagen stundenlang für das Abwiegen einzelner Eier blockiert („Der Hippo muss 31,2 g wiegen, ich glaub, ich hab einen!").

Ich selbst, Jahrgang 1980, kam erst 1997 mit dem Sammeln von Ü-Eiern in Berührung. Die Schätze meiner Kindheit hatte ich damals längst für ein paar Mark auf dem Trödelmarkt verhökert. Und nun stand ich mir im besten Teenager-Alter auf den Flohmärkten an den Wochenenden die Beine in den Bauch: im Winter bei minus fünf Grad, um sechs Uhr morgens, mit wässrigen Augen und zittrigen Händen – für ein paar Plastikfiguren? Warum machte ich den Figuren-Handel nach meinem Studienabschluss als Geologe sogar zum Beruf, trotz berechtigter Skepsis aus meinem Umfeld? Warum gründete ich schließlich 2010 einen Verlag, in dem jetzt dieses Buch erscheinen kann? Und wie leichtsinnig muss man wohl sein, gar eine ganze Familie mit dem Verkauf von Überraschungs-Eiern durchbringen zu wollen?

All das habe ich nur selten hinterfragt, da ich von der Sache bis heute durch und durch überzeugt bin.

Erinnerungen an eine 50-jährige Erfolgsgeschichte sind aber nur die eine Hälfte. Die andere, noch ungeschriebene Hälfte der Geschichte liegt in der Zukunft. Wo steht das

Kult-Ei heute? Welche Zukunft hat das versüßte Spielzeug in der digitalen Welt? Und wie sieht die Sammlerszene in zehn Jahren aus? Diese und andere Fragen versuche ich, mit einem großen Schuss Nostalgie und einer Prise Weitsicht, in diesem Buch zu beantworten.

Ich freue mich, Ihnen diese spannende Geschichte erzählen zu dürfen.

Ihr

André Feiler

## Am Anfang war...

... nicht das Ei!

Sondern eine kleine Konditorei in Italien, die zur Keimzelle eines Imperiums werden sollte. Pietro Ferrero (1898–1949) eröffnete seine Zuckerbäckerei in den 1940er Jahren in dem Städtchen Alba in der nordwest-italienischen Region Piemont. Dank des schnellen Erfolges wurde aus der Konditorei bereits 1946 eine kleine Fabrik für Süßwaren. Durch den Einfallsreichtum von Gründer Pietro Ferrero und seines Sohnes Michele (1925–2015) wuchs diese Fabrik stetig. Und so eröffnete Ferrero schon 1956 sein erstes Werk auch in Deutschland, in dem hessischen Städtchen Stadtallendorf, wo Ferrero bis heute produziert. In den ersten Jahren residierte das Unternehmen dort noch unter dem Firmennamen Assia (italienisch für Hessen).

*Die Idee zu einem Sammelbilderalbum war nicht neu, derartige Alben wurden bereits seit 1890 herausgebracht.*

Schon sehr früh arbeitete Ferrero mit Werbezugaben

in Form von Sammelbildern und Wertmarken, die dann gegen Spielzeuge eingetauscht werden konnten. Und schon hier tauchen die ersten Sammelfiguren von Ferrero auf.

Unter dem Titel „Caccia Grossa“ (Großwildjagd) gab es um 1955 nicht nur ein spannendes Sammelbilderalbum, sondern man konnte für die Wertmarken auch Tierfiguren eintauschen. Diese haben unter dem Sockel die Ferrero-Kennung und gelten heute als die ersten Figuren von Ferrero. Natürlich sind sie noch viel größer als die kleinen Figuren, die man gut 20 Jahre später in den Ü-Eiern finden konnte. Und dennoch kann man hier die Anfänge des Ü-Ei-Prinzips schon erahnen.

*Die stattlichen Vorläufer der späteren Überraschungs-Ei-Figuren.*

Ferrero verband in den folgenden Jahrzehnten immer wieder das eigentliche Produkt mit Zugaben, die die Neugier von Kindern ansprechen und letztlich zum Kauf verführen sollten. Vielen dürften noch die flachen Schaumstofffiguren und andere Spielzeuge aus den Nutella-Deckeln bekannt sein, die ebenfalls als Vorläufer der Ü-Ei-Idee angesehen werden können. Sie kamen um 1971 auf den Markt.

Wer genau bei Ferrero dann die Idee für ein Schokoladen-Ei mit einer Überraschung im Inneren hatte, ist heute nicht mehr eindeutig zu ermitteln. Oft wird in diesem Zusammenhang William Salice (1933–2016) genannt, der Anfang

*Disney-Charaktere zierten diese ersten Schaumstofffiguren von Nutella aus dem Jahr 1971.*

der 1970er Jahre für die Produktentwicklung zuständig war. Salice selbst war jedoch der Meinung, die Ü-Ei-Idee nur erfolgreich umgesetzt zu haben. Den eigentlichen Geistesblitz soll Michele Ferrero gehabt haben.

Schon einige Jahrzehnte früher hatten Margarine- und Tabakfirmen die Idee, den Kauf ihrer Waren durch die Beigabe von Sammelfiguren oder -bildchen interessanter zu machen. Ferrero perfektionierte die Idee und schuf ein Produkt, bei dem die Beigabe für die Käufer mindestens so interessant wurde, wie es die Schokolade war.

Diese Idee wurde so erfolgreich umgesetzt, dass sie auch 50 Jahre später noch eines der bekanntesten Produkte aus dem Hause Ferrero ist. Inzwischen kann man davon ausgehen, dass etliche Kinder der 1970er Jahre, die mit dem Ü-Ei aufgewachsen sind, heute selber Eltern oder schon Großeltern sind – und ihrem Nachwuchs mit der Kinder Überraschung regelmäßig eine Freude machen.

## Die ersten Schätze aus dem Ei

„Mami, Mami! Bringst Du uns was mit? Was Spannendes, und was zum Spielen... und Schokolade!" – „Aber das sind ja gleich drei Wünsche auf einmal, das geht nun wirklich nicht!". Dieser typische Slogan, mit dem wohl viele von uns in ihre Kindheit zurückversetzt werden, wurde zwar erst um 1985 in der TV-Werbung in Deutschland eingesetzt. Dennoch steht er sinnbildlich für die vielen prägenden Werbekampagnen, mit denen das Überraschungs-Ei über die Jahre bekannt gemacht wurde.

Anfangs, in der eigenen Werbung, nannte Ferrero die Überraschungs-Eier noch „Hohleier". In dem hohlen Schokoladen-Ei befand sich eine zweiteilige, meist gelbe Plastikkapsel, die das begehrte Objekt enthielt. In Italien wurden diese Eier vermutlich sogar schon ab 1972 oder 1973 erstmals verkauft, ganz sicher aber in Deutschland ab 1974. Daher gilt dieses Jahr als das Geburtsjahr der Überraschungs-Eier.

Die Überraschungen in den kleinen Kapseln stammten in den ersten Jahren zumeist nicht von Ferrero selbst. Die Figuren und Spielzeuge hatte das Unternehmen preisgünstig in großen Mengen von anderen Herstellern bezogen, u.a. aus Asien, aber auch aus Europa und sogar aus Deutschland. Bekannt sind hierbei auch Firmen, die ihr Geld nicht primär mit der Herstellung von Kleinstspielzeugen verdienten, wie z.B. Multiplex oder der Kinderbuch-Verlag

Hofmann. Andere Hersteller, wie die italienischen Firmen Maraja oder Ilmap, waren dagegen genau auf das gesuchte Spielzeug-Format spezialisiert.

*Schon in den Anfangsjahren waren richtige kleine Büchlein oder Daumenkinos in den Ü-Ei-Kapseln versteckt.*

Ferrero schrieb also verschiedene Firmen an, legte eine Ei-Kapsel bei und bat um Vorschläge für Inhalte, die von der Größe her passten und gleichzeitig kreativ waren. Dabei war die Kalkulation damals wie heute knallhart: Ein Einkaufspreis von etwa 7 Pfennigen durfte nicht überschritten werden – noch ahnte ja niemand etwas von dem späteren Erfolg.

*Einige Spielzeuge aus dem Jahr 1976. Der kleine Asterix ist Bestandteil der ersten Figurenserie aus Hartplastik, die im Ü-Ei zu finden war.*

Neben Schmuck wie Ringen und Ketten, zusammensteckbaren Figuren, Spiel- und Fahrzeugen sowie Soldaten aus Metall fanden sich bereits ab 1976 erste Figuren aus Hartplastik in den Kapseln; solche Figuren sollten aber erst anderthalb Jahrzehnte später einen wahren Sammelboom auslösen. Anfangs waren die meisten Spielzeuge noch selbsterklärend, so dass auf den später typischen Beipackzettel – nicht zuletzt aus Kostengründen – verzichtet wurde.

Die ersten Einwickelfolien waren in der Farbe Blau gehalten und erschienen passenderweise zu Ostern mit einem Hasen als Motiv. Ferrero selbst hatte vermutlich ein rein saisonales Geschäft erwartet. Das bis heute typische Design mit der roten Milch-Welle auf weißem Grund folgte aber schon kurze Zeit später. Diese Welle ist übrigens markenrechtlich streng von Ferrero geschützt. Kein Wunder, denn sie findet sich auf unzähligen Produkten der Marke wieder.

*In der ersten Saison waren Überraschungs-Eier noch blau verpackt. Das typische rotweiße Design folgte aber schon ein Jahr später.*

Die Kapseln wurden in dieser Zeit tatsächlich in Heimarbeit befüllt; das blieb in der Folge sogar noch lange Zeit so bis in die späten 1980er Jahre hinein. Ich hatte später die Gelegenheit, solche Menschen diverse Male kennen zu lernen. Viele, die sich um diese Arbeit bewarben, bekamen große Mengen an Spielzeug und Kapseln nach Hause geliefert, mit der einzigen Aufgabe, das eine in das andere zu befördern.

Die Spielzeuge, die in den Anfangsjahren von 1974 bis etwa 1978 in Überraschungs-Eiern zu finden waren, haben eines gemeinsam, was bei den Sammlern von heute oft eine Unsicherheit erzeugt: Sie waren eben nicht nur im Ü-Ei zu finden. Genau das hätten viele Sammler aber gerne; Exklusivität wird in diesem Sammelgebiet nun einmal besonders groß geschrieben. Ferrero war in den Anfängen der Überraschungs-Eier aber eben nur ein Kunde unter vielen bei den Zulieferfirmen. Neben Ferrero wurden auch Betriebe für das Befüllen von Kaugummiautomaten und Wundertüten, Souvenirläden oder der normale Spielzeughandel beliefert. Bei vielen Sammelstücken, die nicht nur, aber auch im Ei waren, heißt es daher frei nach Shakespeare „Ei oder nicht Ei, das ist hier die Frage!" Für viele Sammler spielt es oft eine ideelle Rolle, dass jede Figur in der Sammlung ursprünglich eine Ei-Kapsel von innen gesehen hat.

Für viele der ersten Figuren, die für das Ü-Ei produziert oder von Ferrero eingekauft wurden, wurden bekannte Vorbilder aus dem Spielzeughandel nachgeahmt. Firmen wie Bully, Schleich, Elastolin oder Britains Deetail wurden ebenso imitiert wie eher unbekannte Hersteller von Porzellanfiguren. Ein besonderes Ärgernis ergab sich für die Firma Wiking, den wohl bekanntesten Hersteller maßstabsgetreuer Miniatur-Modelle von Fahrzeugen. Die heute nicht mehr existente Firma Cosmo belieferte Ferrero ab 1976 mit sauber gefertigten, aber nicht legitimierten Imitaten mehrerer Dutzend Modelle der Firma Wiking. Die waren zwar noch ein wenig kleiner, dafür aber zum Verwechseln ähnlich. Über etwaige Rechtsstreitigkeiten zwischen den Firmen ist bis heute allerdings nichts bekannt geworden.

*Beispiele für erste Figuren und Fahrzeuge aus dem Ü-Ei - und ihre Vorbilder aus dem Spielzeughandel.*

## Von der Idee zur Strategie

Anfangs war die Auswahl der Ü-Ei-Inhalte also fast beliebig: Hauptsache, es passte! Bald schon wurde aus der Grundidee aber auch eine Strategie, die im Laufe der Jahre und Jahrzehnte immer ausgefeilter wurde.

In einem ersten Schritt startete Ferrero bereits im Jahr 1976 in Deutschland die Ära der Hartplastikfiguren, dem späteren großen Umsatzbringer. Ferrero beauftragte namhafte deutsche Spielfiguren-Hersteller wie Heimo und Schleich, um Figuren bekannter Disney-Filme in preisgünstiger Version ins Ei bringen zu können. Darunter waren Serien wie Micky Maus und Donald Duck, Robin Hood, Bernard und Bianca und Schneewittchen (es fanden allerdings nur die Sieben Zwerge den Weg ins Ei). Etwas pikant: Die Bemalung dieser ersten Figurenserien wurde dabei durch Gefängnis-Insassen ausgeführt. Ergänzt wurde das Sortiment um verschiedene Serien zu anderen Themen: So fanden sich neben Soldaten, Ägyptern und Piraten auch Waldtiere, Hunde und Saurier in den meist gelben Kapseln.

*Ferrero hielt sich mit seinen ersten Figuren meist an bekannte Klassiker beliebter Kinderfilme.*

So weit, so gut. Doch den besonderen Reiz dieser Serien schien Ferrero damals selbst gar nicht zu erkennen. Die Figuren wurden keinesfalls vorrangig beworben, obwohl die Werbung von Beginn an wirklich massiv und international im Fernsehen, in Zeitschriften und mit Hilfe von Plakaten betrieben wurde. Die verschiedenen Spielzeuge zum Basteln spielten eine mindestens genauso große Rolle. Auch wurde jeder Figur lediglich ein kleiner, einheitlicher Beipackzettel beigelegt mit der Aufschrift „Handbemalte Figur – Viel Spaß damit". Hinweise, dass es weitere Figuren dieser Serie gab: Fehlanzeige!

*Die ersten Beipackzettel waren noch sehr schlicht gehalten.*

Ferrero stellte einen wirklich beachtlichen Werbe-Etat zur Verfügung, der seine Wirkung nicht verfehlte. Das Überraschungs-Ei stieg in Deutschland schnell zu einem Umsatzbringer auf, neben den etablierten Klassikern wie Mon Chéri (seit 1957), Hanuta (seit 1959), Duplo (seit 1964), Nutella (seit 1965) oder Ferrero Küsschen (seit 1966). Insbesondere als kleines, preisgünstiges Mitbringsel mit der oft zitierten Mischung aus Spannung, Spiel und Schokolade setzte es sich schon in den 1970er Jahren flächendeckend durch.

Bis heute setzt Ferrero dabei auf sogenannte „Testmärkte". Dies ist ein übliches Konzept in der Lebensmittelbranche, um neue Produkte im kleinen Stil einer Feuertaufe in allen marketingrelevanten Fragen zu unterziehen.

Kinder
SURPRISE
+ MELK − CACAO
+ LAIT − CACAO
Kinder SURPRISE le chocolat des enfants
Le chocola
Kinder Surprise,
100 nouvelles surprises plus belles que jamais.
Wie Vati einstimmig
Mann des Tages gewählt w
Kinder
SURPRISE
+ LAIT − CACAO
elles sont arrivées
es nouvelles surprises...
Des surprises fantastiques
de plus en plus belles
et passionnantes.
Mais Kinder Surprise
c'est toujours du bon chocolat
avec plus de lait
et moins de cacao.
per i momenti in cui li ami piú del
Vi sono momenti in cui i bambini
sono meravigliosi senza saperlo
e senza aspettarsi niente in cambio.
Sono questi i momenti per Kinder Sorpresa:
un dolce premio preparato
con lo speciale cioccolato Kinder
con più latte e meno cacao.
E dentro ciascuno c'è una sorpresa
divertente ed istruttiva.
Kinder SORPRESA
Hai vis
+ LATTE − CACAO
Kinder
SORPRESA
QUI SAIT CE QU'IL Y A DANS KINDER SURPRISE?
C'EST PEUT-ÊTRE AUSSI UNE POUPÉE, UNE LOCOMOTIVE,
UN PORTE-AVIONS, UNE VOITURE DE POMPIERS,
UN BATEAU DE PIRATES, UNE VOITURE DE COURSE, UN BRACELET...
100 NOUVELLES SURPRISES
PLUS BELLES QUE JAMAIS.
Kinder SURPRISE
scopri un mondo di sorprese!
Kinder CIOCCOLATO
SORPRESA
Le cho
Plus
WEL 100 VERRAS
VOOR WEL
100 AVONTUREN.

plus belles que jamais.
+ LAIT - CACAO
Kinder
SURPRISE
BERRASCHUNG
scopri un mondo di sorprese !
+ LATTE - CACAO
Kinder
CIOCCOLATTE
SORPRESA
con 180 sorprese!
Kinder CIOCCOLATTE
SORPRESA
ALLEZ-Y! ATTRAPEZ LES NOUVEAUX KINDER SURPRISE...
+ LAIT - CACAO
Kinder
SURPRISE
SORPRESE RAGAZZI!
Kinder
Speelsurprises in smulchocolade
MELK CACAO
Kinder
SURPRISE
Met Kindersurprise op schattenjacht.
100 SURPRISES POUR 100 AVENTURES DIFFERENTES

## Design und eigene Produktion – Auftakt mit den Spielwelten

Schon seit 1974 suchte Ferrero Designer, um zügig mit einer eigenen Produktion beginnen zu können. Die Produktdesigner erhielten die Aufgabe, verschiedene Spielzeuge und Figuren zu konzipieren und thematisch zusammenzufassen. Zwischen 1978 und 1983 erschienen etwa 150 verschiedene Objekte, die für Sammler heute unter dem Begriff „Spielwelten" bekannt sind. So flogen damals Satelliten und Astronauten mit Raketen und Raumtransportern durch die Kinderzimmer und erlebten „Abenteuer im Weltraum"; der schwarze Ritter Roland kämpfte gegen

*Gemessen am verfügbaren Budget sind die ersten Spielzeuge aus den Spielwelten wahre Meisterwerke des Produkt-Designs.*

Kunibert, den „Ritter ohne Furcht und Tadel", um Burgfräulein Kunigunde beim „Ritterfest von Freudenberg" zu beeindrucken; „Der Hafen, das Tor zur Welt" war mit zahlreichen Schiffen, Matrosen und Kränen der kreative Spielplatz für jeden Badewannenkapitän; und im „Westernland" lebten Cowboys und Indianer mit Kutschen, Häusern und Wigwam friedlich beieinander. Zu allen Spielwelten erschienen jeweils zwei Bastelbögen aus Karton, die für je 30 Pfennig im Handel erhältlich waren.

Heutige Handelspreise im vierstelligen Bereich für Objekte aus den Spielwelten sind keine Seltenheit. Für viele Sammler sind die begehrten Spielzeuge und Bastelbögen die Königsdisziplin. Sie zeichnen sich durch ein besonderes Maß an Kreativität und Spielwitz aus. Einige Objekte sind dabei um ein Vielfaches größer als die Ei-Kapsel, der die Einzelteile entsprungen sind. So schafft es der „Goldene Turm" aus der Spielwelt „Das Ritterfest von Freudenberg" auf über 30 Zentimeter Höhe. Die Kapsel, die sogar selbst noch mit im Turm verbaut wurde, hatte im geschlossenen Zustand aber lediglich eine Höhe von viereinhalb Zenti-

*Der Goldene Turm aus der Spielwelt „Das Ritterfest von Freudenberg". Selten wurde die Kapsel so gut ausgenutzt wie hier.*

metern. Die konisch geformten Elemente des Turmfußes, Fenster aus Pappe und ein dünner Fahnenmast machten dies möglich. Einfach genial, oder?

*Noch einmal „Der Goldene Turm", jedoch vor der Serienreife als Prototyp.*

Dies trifft nicht nur auf die Objekte selbst zu, sondern auch auf die erstmals eigens angefertigten Beipackzettel. Mit kleinen atmosphärischen Texten wurde man ins Weltall gebeamt oder fand sich vor seinem geistigen Auge auf einem Containerschiff im Hamburger Hafen wieder. Unzweifelhaft ist diese Ära eine frühe Sternstunde in der fünfzigjährigen Geschichte der Überraschungs-Eier.

Ab den ausgehenden 1970er Jahren waren geplante und konzipierte Ü-Ei-Inhalte das Fundament der Strategie. Insbesondere die Industrie-Designer Koch, Havranek, Bermes und der Schweizer Heinrich Roth lieferten Dutzende realisierter Ideen für das Überraschungs-Ei. Doch weit größer ist die Zahl der Entwürfe, die es gar nicht in die Kapsel geschafft haben. Auch solche bekamen die Designer vergütet, wie mir Heinrich Roth bei einem Besuch in seinem Atelier einst berichtete. Eine realisierte Idee brachte aber natürlich mehr ein. Manche dieser Entwürfe lehnten sich dabei stark an Spielzeuge an, die bereits aus dem Handel bekannt waren. Nun galt es, sie auf kleinstem Raum in einer Ei-Kapsel unterzubringen.

Nach einer anfänglichen Skizze wurde die Idee von Ferrero bewertet. Wurde sie als gelungen eingestuft, durfte der Designer einen Prototypen anfertigen. Dieser wurde auf seine Machbarkeit und Eignung für die Massenproduktion bewertet. Wurde auch das knappe Budget nicht über Gebühr strapaziert, so stand der Verwirklichung nichts mehr im Wege. Ferrero übernahm nun selbst das Ruder. Was heute am Computer erfolgt, wurde damals mittels Bauzeichnungen geplant, und anschließend wurde dafür ein Farbkonzept festgelegt. Dann wurden final die Spritzgussformen in Auftrag gegeben.

*Ein komplettes Verkaufs-Display der Serie Dschungelbuch 1985 mit 72 Eiern aus der Zeit. Sensorisch vermutlich nicht mehr einwandfrei, hat es dennoch unter Sammlern den Wert eines Mittelklassewagens.*

Nebst Beipackzettel wurden die Teile dann, wie bereits erwähnt, an private Haushalte in Deutschland geliefert und dort manuell in die Kapseln befördert. Zurück bei Ferrero, wurden die gefüllten Kapseln dann mit zwei Hälften aus Vollmilch-Schokolade und einer Folie aus Stanniol umhüllt, bevor die Eier in Displays verschiedener Größe schließlich in den Handel gelangten.

## „Wir sind jetzt mit dabei“ – Startschuss für die Serienfiguren

Im Herbst 1979 tauchten in Deutschland plötzlich ganz vereinzelt blau-weiße Gesellen in den Eiern auf. Die Kinder kannten ihre größeren Vorgänger schon seit 1965 als Gummifiguren der Firma Schleich und seit 1973 von der Firma Bully. Kaum ein Kinderzimmer wurde von ihnen nicht bevölkert: die Schlümpfe! 1977 hatte der niederländische Sänger Pierre Kartner alias „Vader Abraham“ einen internationalen Hit mit dem „Lied der Schlümpfe“. Gründe genug für Ferrero, die Markttauglichkeit dieser beliebten Figuren zu testen. Die ersten Figuren wurden aus weißem Plastik mit dunkelblauer Bemalung gefertigt; ebenso sind aber auch seltene Versionen aus blauem Plastik mit weißer Bemalung bekannt.

*Der Nachtwächterschlumpf aus der Serie „Erkennst Du Deinen Schlumpf?“. Links als Testfigur aus blauem Grundmaterial (Wert: 15.000 €), in der Mitte mit dunkelblauer Bemalung (Wert: 900 €), rechts die normale Serienfigur (Wert: 7,00 €).*

Die blauen, weiß bemalten Schlümpfe erwiesen sich jedoch schnell als untauglich. Die weiße Farbe deckte an den Gussnähten nur schlecht, was den zunehmend strengeren Qualitätsstandards von Ferrero wohl nicht genügte. Gerade diese ersten Testfiguren sind heute Raritäten erster Güte, für die Sammler in tadellosem Zustand sogar fünfstellige Euro-Beträge hinlegen.

Ferrero testete offensichtlich erfolgreich, so dass ab dem Herbst 1980 zwölf Schlumpf-Figuren in den gelben Kapseln Einzug hielten: unter dem Serientitel „Erkennst Du Deinen Schlumpf? Die Super-Mini-Schlumpf-Parade“. Anders als nachfolgende Serien, deren Figuren in jedem siebten Ei auftauchten, waren die ersten Schlümpfe nur in jedem zehnten Ei vertreten. Ehrlicherweise muss man auch sagen, dass die Gestaltung und Bemalung dieser ersten Fi-

*Die erste Figuren-Serie ist heute bei Sammlern sehr begehrt. Doch der Beipackzettel wird dabei sogar höher gehandelt als alle Figuren der Serie zusammen. Er wurde eben schneller weggeworfen.*

gurenserie verbesserungswürdig war. Qualität, Form und Farbgebung waren noch weit von dem entfernt, was die extrem erfolgreiche Zeichentrick-Serie „Die Schlümpfe“ ab dem April 1983 vorgeben sollte.

Bahnbrechender für den großen Erfolg und den später aufkommenden Sammelboom waren meiner Meinung nach jedoch nicht die Schlümpfe an sich, sondern der in jeder Kapsel mit einer Figur enthaltene Beipackzettel. Ein wahrhaft genialer Schachzug, denn er zeigte erstmals, dass die gerade aus dem Ei geschüttelte Figur zu einer ganzen Serie gehörte. Der „Eitelkeits-Schlumpf" hatte elf Freunde – vom „Kicherschlumpf" über den „Träumer" bis zum „Oberschlumpf". Ferrero bediente sich einfachster Instinkte, in jedem von uns steckt schließlich ein Jäger oder Sammler. Der Beipackzettel gab vor, was man jagen und sammeln konnte – und sollte. Die Strategie ging auf.

Schon 1978 hatte Ferrero außerdem damit begonnen, Überraschungs-Eier zu Ostern und zur Weihnachtszeit mit bunten Papierhütchen zu versehen. Die Hütchen konnte man entweder aufhängen oder aber ein Klebebild abziehen. Bei den nun aufkommenden Serien wurden diese Hütchen nun ebenfalls saisonal verwendet, um den Kaufanreiz über verschiedene Motive zu erhöhen.

*Saisonal wurden die Eier mit Hütchen versehen. Auch diese sind heute unter Sammlern sehr begehrt.*

Nach dem Erfolg der TV-Serie legte Ferrero 1983 beim Thema Schlümpfe direkt nach. Die „Olympiade der

Schlümpfe“ ist heute unter Sammlern die begehrteste Serie überhaupt. Die Figuren „Eierlauf-Schlumpf“, „Stelzen-Schlumpf“ und „Hüpf-Schlumpfinchen“ hatten kleinste, lose ansteckbare Zubehörteile, die im Nu in den Staubsaugern der Nation oder auf anderem Weg verschwanden. Erst diese Teile machen diese Serie heute so hochwertig.

Bereits in den 70er Jahren präsentierte Ferrero über Handelsvertreter die Inhalte der Kinder Überraschung mit Musterkoffern und Dioramen. Das erste Diorama gab es zur „Olympiade der Schlümpfe“. Seitdem wurde fast jede neue Figurenserie mit einem solchen Diorama vorgestellt. Dioramen aus den 1980er Jahren erzielen heute auf dem Sammlermarkt regelmäßig Höchstpreise – vorausgesetzt, ihr Zustand ist einwandfrei.

Die Fertigung dieser Serien fand ab den 1980er Jahren größtenteils in Portugal und Tunesien statt. Dort waren Tochterunternehmen der Firmen Schleich und Heimo ansässig, die ja schon in den 1970er Jahren von Ferrero mit der Figurenproduktion beauftragt worden waren. Und die Produktion in Portugal und Tunesien war günstiger. Erst ab den frühen 1990er Jahren wurde die Produktion nach China verlagert. Dort engagierte Ferrero für die Bemalung hunderte Porzellan-Maler. Einigen Sammlern liegen Schautafeln vor, auf denen etwa 16-20 Exemplare einer Figur in den verschiedenen Bemalungsstadien gezeigt werden. Die Tafeln geben vor, mit welchem Bemalungsschritt begonnen und in welcher Reihenfolge dann weiter gemalt werden musste. Ob jedoch ein und dieselbe Person alle Schritte ausführte, oder ob die Figuren tatsächlich in Fließbandmanier von verschiedenen Malern in jeweils nur einem, immer identischen Arbeitsschritt bemalt wurden, ist nicht überliefert. Ferrero hütet solche Geheimnisse auf das Strengste.

*Ein Vertreterkoffer mit den Spielzeugen der Saison 1981/82, und das erste Diorama zur Serie „Olympiade der Schlümpfe“ von 1983. Beide Stücke sind heute absolute Raritäten.*

## Im Interview

| | |
|---|---|
| Name: | Nathalie Rougelot |
| Jahrgang: | 1980 |
| Wohnt in: | Darmstadt |
| Sammelt seit: | 1991 |

Liebe Nathalie,

wir kennen uns bestimmt schon fünfzehn bis zwanzig Jahre, ich konnte schon oft auf Deine Unterstützung mit neuem Fotomaterial für den O-Ei-A Preisführer zählen, und wir sind vom Alter her ein Jahrgang. Darum bin ich besonders auf Deine Sicht der Dinge gespannt, dazu ein paar Fragen:

Dein Haus brennt. Welche drei Figuren oder Spielzeuge aus Deiner Sammlung nimmst Du mit? Und warum gerade die?

> Ich würde meinen dunkelblau bemalten „Schüchternen“ Schlumpf mit seiner dazugehörigen Blume mitnehmen und meinen Zug aus der Hafenwelt mit roten Kupplungen, der vermutlich ein seltener Prototyp ist.

Beide gehören zu meinen Lieblingsstücken in meiner Sammlung und sind etwas Besonderes. Selbst wenn Geld keine große Rolle spielt, könnte ich beides nicht so einfach nachkaufen.

Was war Dein bester oder größter Flohmarkt-Fund?

Vielleicht nicht mein größter, aber einer meiner ersten spektakulären Funde war der Schirm vom Regenkobold. Er lag auf einem kleinen Fingerhut-Setzkasten und hat mich 20 Cent gekostet. Ich konnte gar nicht glauben, dass er echt ist. Die Verkäuferin hatte sonst auch überhaupt nichts anderes aus dem Ü-Ei zum Verkauf.

Ü-Eier wurden für Kinder erfunden....eigentlich! Was sagt Dein bester Freund oder engster Verwandter unter den Erwachsenen zu Deiner Leidenschaft für Ü-Eier?

Die Sammelleidenschaft wird von vielen nur belächelt. Nur Sammler - auch aus anderen Gebieten - können die Leidenschaft nachvollziehen und sich mit mir freuen, wenn ich etwas Neues für die Sammlung ergattern konnte. Auch sind sie beeindruckt, was alles im Ei zu finden war und von mir zusammengetragen wurde.

2024 wird das Ü-Ei 50 Jahre alt. Was würdest Du den Machern von Ferrero auf der Geburtstagsparty sagen?

Wieviel Freude ich an ihrem Produkt, dem Überraschungs-Ei habe.

Du wirst Chef von Ferrero - welche Figur oder Serie würdest Du im Ü-Ei erscheinen lassen, die noch nie im Ei war?

Ich denke, ich würde versuchen, eine neue Hohlkörper-Serie erscheinen zu lassen. Denn viele der aktuellen Serien begeistern nicht einmal mehr die Kinder. Bei Hohlkörpern könnte man sicherlich mit Rücksicht auf die Produktionskosten etwas Einfaches und dennoch Ideenreiches ins Ei packen.

Welche Ratschläge würdest Du Neueinsteigern geben, die gerade mit dem Ü-Ei-Sammeln begonnen haben?

> Lest Euch in die Materie ein und setzt Euch damit auseinander. Es erscheint einfacher, andere Sammler zu fragen, es bringt einen langfristig jedoch nicht weiter. Gebt Stücke, die Euch erstmal nicht so begeistern, nicht zu schnell ab, im Nachhinein ärgert man sich sonst oft.

Vielen Dank für Deine Zeit, liebe Nathalie.

Das Interview führte André Feiler

## Das Ü-Ei in Europa

Bemerkenswert ist die Tatsache, dass Ferrero die Figurenserien bis in die frühen 1990er Jahre ausschließlich innerhalb West-Deutschlands in den Überraschungs-Eiern platzierte. Alle anderen europäischen Länder, in denen seit den 1970er Jahren das Ü-Ei erhältlich war, wurden ausschließlich mit Bausätzen bedacht. Das war im Mutterland Italien so, in Frankreich, Belgien, den Niederlanden, Luxemburg, Österreich, Dänemark, aber auch in Ländern des Ostblocks wie etwa in der Tschechoslowakei oder in Ungarn. Ausnahmen waren lediglich einige Metallfiguren und ein paar Ägypter- und Piratenfiguren, die in Italien, Österreich und eventuell Frankreich auftauchten. Auch in der DDR waren Überraschungs-Eier nur sporadisch im Intershop erhältlich. Bis heute sind daher viele europäische Sammler eher Spielzeug- als Figurensammler geblieben.

*Insbesondere Fahrzeuge wurden oft in vielen verschiedenen Farbkombinationen für das Ü-Ei produziert. Den Sammler von heute freut´s…*

Seit etwa 1978 waren insbesondere italienische Firmen damit beauftragt worden, kleinste Modelle für den europäischen Markt zu entwickeln, u.a. die Unternehmen GI-ODI, Res Plastic, Castiglioni und Omniplast. Was sie lieferten, waren in großer Stückzahl Fahrzeuge aller Art, wie z.B. Autos, Lokomotiven, Motorräder, Schiffe und Flugzeuge. Gerade diese Modelle wurden oftmals in den unterschiedlichsten Farbkombinationen produziert. Was die Kinder damals kaum bemerkt haben werden, freut die Sammler von heute umso mehr. So können sie sich allein an einer Fahrzeug-Serie mit Dutzenden Farbvarianten so richtig austoben. Gleiches gilt für die zahlreichen und heute sehr beliebten Steckfiguren-Serien. Superhelden, Piraten, Cowboys und Indianer, Samurai, Ritter und unzählige Charaktere mehr konnten als ansehnliche Standfiguren aus vielen Einzelteilen zusammen gebaut werden. Dazu gab es eine Vielzahl an Spielen, Tieren und sogenannten Kapselfiguren, bei denen die Kapsel in den Bausatz integriert wurde. Ein Stück Recycling in den 1970er Jahren!

*Von Spielzeugen mit kriegerischen Inhalten wie diesem Flugzeugträger, Kampfjet oder Panzer verabschiedete Ferrero sich bereits in frühen Jahren.*

10
30
Agip

Thematisch setzte Ferrero sowohl in Deutschland als auch in Europa bis ca. 1980 auf Themen, die heute mehr als fragwürdig erscheinen. Man hatte in den Anfangsjahren keinerlei Hemmungen, Kriegsspielzeug wie Panzer, Schlachtschiffe oder historische Kampfjets aus dem 2. Weltkrieg ins Ei zu bringen. Durchaus attraktive Modelle in Augen der erwachsenen Sammler heute, für die damalige Zielgruppe aber gänzlich ungeeignet. Durch das zunehmende Engagement der Designer wurden solch kriegsbezogene Themen schließlich verdrängt.

*Erst mit 24, ab 1986 nur noch mit 15 Teilen: Puzzle und ihre Beipackzettel aus dem Überraschungs-Ei aus den 1980er Jahren.*

## Die Kultserien in den 1980er Jahren

Bis 1986 blieb Ferrero der Devise treu, ausschließlich auf Lizenzserien zu vertrauen, die durch das Kinder-Fernsehen oder Kino bekannt waren. Das waren Serien wie „Das Dschungelbuch", „Die Biene Maja", „Der kleine Kobold Pumuckl" oder „Donald Duck". Im Jahr 1984 erschien die Serie „Tao Tao" und brachte eine weitere Neuheit mit sich: Begleitend zur Serie erschienen vier Puzzle-Ecken aus jeweils 24 Teilen mit Motiven zur Serie. Aus den vier Einzelpuzzles ließ sich dann ein großes Motiv zusammensetzen, was auch den jeweiligen Beipackzetteln zu entnehmen war. Puzzles mit 24 Teilen wurden jedoch nur bis 1985 für die Serien „Tao Tao" und „Das Dschungelbuch" verwendet. Die Teile hielten leider nicht gut zusammen, und so wurde ab 1986 ein wahrer Puzzle-Profi mit der Herstellung kleiner Qualitätspuzzles beauftragt: die Firma Ravensburger. Seitdem hatten die Puzzles jeweils nur noch 15 Teile, hielten aber deutlich besser zusammen.

Ab 1984 wurde das Bild der Ü-Ei-Figuren von einem Mann geprägt, der mit seiner Genialität maßgeblich für den späteren Sammelboom verantwortlich ist: der Illustrator André Roche. Er wurde damals von Ferrero beauftragt, Modellvorlagen für die Figuren zu erschaffen und das Grafik-Design der Puzzles zu fast allen Serien zu gestalten.

*Ich bedanke mich bei André Roche für dieses Meisterwerk, das eigens für dieses Buch entstanden ist. (Abbildung rechts)*

Danke euch allen, ihr leidenschaftlichen und unermüdlichen Schatzjäger!

Auf die nächsten **50** Jahre!

In Freundschaft,

ROCHE

1952 in Frankreich geboren, kam der diplomierte Hotelfachtechniker Anfang der 1970er Jahre nach München, um seine bereits vorhandenen Deutschkenntnisse zu verbessern. Als neugieriger Mensch erlernte Roche dort in verschiedenen Studios aber auch den Beruf des Trickfilmanimators.

Für die Verlags- und Werbebranche arbeitete er dann seit 1975 als selbstständiger Illustrator. Als Zeichner und Maler entwarf André Roche etwa 160 Comic-Geschichten sowie zahlreiche Merchandising-Illustrationen zur „Biene Maja" und weitere zu „Tom und Jerry", „Tao Tao", „Alice im Wunderland", „Nils Holgersson", „Knax", „Wickie" und „Der Rosarote Panther". Sein Erfolg in dieser Branche begründete sich auf seiner revolutionären Technik: Er färbte seine Comic-Figuren bereits seit den 1970er Jahren mit einer Airbrush-Technik ein, die den Figuren eine bis dato nie gezeigte Dreidimensionalität verlieh.

Roche begeisterte die Verantwortlichen bei Ferrero so sehr, dass man ihm zutraute, komplett eigene Figurenserien zu kreieren und für die Kinder Überraschung zu realisieren. So konnte man den teuren Zukauf von Lizenzen umgehen, zumindest war es einen Versuch wert. 1986 und 1987 war man noch zaghaft. In den beiden Jahren erschienen die Serien „Happy Frogs" und „Die Tapsi Törtels", deren Motive es aber schon auf dem Spielzeug-Markt gab. André Roche ergänzte die eingekauften Vorlagen um weitere Charaktere zu jeweils acht Figuren pro Serie und entwarf wiederum die Serien-Beipackzettel und Puzzles dazu.

„Die Tapsi Törtels" wurden 1987 Kult. Unvergesslich machte sich Roche aber erst ein Jahr später mit der Entwicklung der bis heute einzigartigen „Happy Hippos". Waren die putzigen Nilpferde bei ihrem ersten Auftauchen 1988 noch eher grau und tummelten sich faulenzend am Strand, so wurde ihre Hautfarbe 1990 dann doch deutlich blauer und die Hippos waren „im Fitnessfieber". André Roche vergab dabei Namen an seine Figuren, die bis heute in unseren Ohren klingen, da sie in jeder nachfolgenden Nilpferd-Serie wiederzufinden waren. Fragen Sie heute einen Mittvierziger nach den bekanntesten deutschen Frauen, so dürften nach Angela Merkel auch schon Susi Sonnenschein und Babsy Baby folgen...

*Achtung, Kult! Die Happy Hippos kennt wohl fast jeder.*

Weitere bekannte Serien aus den 1980er Jahren waren „Donalds flotte Familie“ (1987), „Die Fußball-Schlümpfe“ (1988), „Die Blumentopfzwerge“ (1988-1990), „Micky und seine tollen Freunde“ (1989) und Disneys „Aristocats“ (1989).

In Deutschland wurden die Bastel-Spielzeuge der 1980er Jahre durch die Werbung ein wenig in die zweite Reihe verpflanzt. Denn die Werbung versprach schließlich, dass in jedem siebten Ei eine Figur zu finden sei. Alles andere musste dann zwangsweise wie eine Niete wirken. Zeitzeugen berichten mir jedoch oft dasselbe, wie ich es damals auch empfunden habe: Die besten Eier waren die, die richtig schön klapperten, denn da wusste man, dass es etwas aufzubauen gab.

Die Vielfalt an exklusiv für den deutschen Markt gefertigten Spielzeugen aus der Ferrero-Schmiede war wirklich groß. Ähnlich wie in Europa dominierten hier Fahrzeuge, vor allem Autos, aber auch Eisenbahnen, Motorräder, Schiffe, Flugzeuge und Helikopter. Beliebt waren auch die über viele Jahre herausgebrachten „Variablen Spielfiguren“: kleine steckbare Gestalten, die sich in Größe und Form ziemlich nahe an den bekannten Mini-Figuren der Firma LEGO orientierten. Fast jährlich erschienen eine oder mehrere Serien steckbarer Tiere, dazu viele Spiele und kreative Spielzeuge mit tollen Spielfunktionen.

Insbesondere ab der zweiten Hälfte der 1980er Jahre konnten die Kinder viele Spielzeuge mit diversen Aufklebern bekleben. So lag neben der Aufkleberfolie auch ein Beipackzettel mit einer Aufbauanleitung bei, der nach getaner Arbeit meist in den Papierkorb flog. Ab 1989 wurde ein aufgedruckter Warnhinweis verpflichtend. Sowohl auf der Stanniol-Folie als auch auf dem Beipackzettel wurde darauf hingewiesen, dass das Spielzeug nicht für Kinder unter drei Jahren geeignet sei, da es verschluckbare Kleinteile enthalte. Bis Ende der 1980er Jahre waren die Beipackzettel für Spielzeuge zumeist in Schwarz und Weiß gehalten, danach wurden sie auf der Vorderseite zunehmend bunter.

50
100
25
Mehl
Zucker
Kaffe
Tee
POLICE

## Sammelboom ohne Grenzen

Schon mit der ersten Serie der populären Happy Hippos im Jahr 1988 stieg das Interesse an den Figuren merklich an. Aber von einem Sammelboom konnte noch keine Rede sein. Erst zu Beginn der 1990er Jahre wurde das Interesse stetig größer. Vermehrt kauften Erwachsene den Kindern auf den Flohmärkten ihre eingestaubten Figürchen ab, die jahrelang in der Jugendzimmer-Schrankwand aus Kieferfurnier ihr Dasein gefristet hatten.

*So oder ähnlich sah ein typischer Flohmarkt-Fund aus den frühen 1990er Jahren aus, für den man 1 oder 2 D-Mark bezahlen musste. Der heutige Wert ist ein dreistelliger Euro-Betrag.*

Doch was genau führte ausgerechnet zu diesem Zeitpunkt dazu, dass sich so viele Leute für dieses neue Sammelgebiet begeistern konnten? Ein Grund mag in der Wiedervereinigung liegen. In der ehemaligen DDR war das Überraschungs-Ei kaum erhältlich. Der Zugang zu den Flohmärkten des Westens kann dem Interesse an den Figuren einen Schub gegeben haben.

Vermutlich aber suchten Sammler anderer Gebiete einfach nach einer neuen Herausforderung. Das Sammeln von Ü-Eiern war einfach bunter als Briefmarken oder Münzen. Nicht umsonst kam zeitgleich das Sammeln von Telefonkarten und Swatch-Uhren in Mode. Das gilt auch für andere Sammelobjekte, die nicht minder bunt waren, bei denen das Interesse aber deutlich kürzer anhielt als am Überraschungs-Ei.

Um mit dem Sammeln von Ü-Ei-Figuren zu beginnen, musste der Geldbeutel anfangs nicht überstrapaziert werden. Meistens lagen die Figuren schuhkartonweise auf den Flohmärkten herum, zusammen mit den Spielzeugen, die verächtlich als „Bastelsachen" bezeichnet wurden. Auf einzelne Regionen oder gar Personen lässt sich der Ursprung dieser neuen Sammelleidenschaft nicht eingrenzen, es passierte einfach. Sammler der ersten Stunde berichten, dass der Ü-Ei-Trend in Süddeutschland einige Monate eher begann und man so im Norden noch günstiger einkaufen konnte. Radio und Fernsehen griffen das Thema schnell auf und berichteten über schrullige Sammler und Höchstbeträge, die für ein bisschen Plastik gezahlt wurden. Kurzum: Der Markt boomte!

André Roche lieferte mit weiteren liebevoll entworfenen Serien regemäßig Nachschub für die Setzkästen der Nation. Serien wie „Die Kroko-Schule" (1991), „Peppy Pingos"

(1992), „Die Zunft der Zwerge“ (1992), „Die Happy Hippos auf dem Traumschiff“ (1992), „Die Crazy Crocos“ (1993), „Die Drolly Dinos“ (1993) oder „Die Peppy Pingo Party“ (1994) liegen noch heute in vielen Kellern herum. Insbesondere „Die Happy Hippo Company“ (1994), die Susi Sonnenschein und ihre Kollegen bei der Büroarbeit karikierte, war ein Renner und erzielte eine Millionenauflage. Kaum ein Schreibtisch, Monitor oder Drucker blieb von den knuffigen Nilpferden verschont, die sich mal telefonierend die Nägel lackierten, mal ein Nickerchen über einem Bücherstapel hielten oder einfach den dicken Boss markierten.

*Einige Figuren aus der „Happy Hippo Company“ von 1994.*

Die Umsatzsteigerungen von Ferreros Überraschungs-Ei brachen in der Süßwarenbranche nun alle Rekorde. Das Schoko-Ei war zum Zugpferd des Konzerns geworden und hatte Klassiker wie Mon Cheri, Ferrero Küsschen und Rocher überholt. Das hatte auch Auswirkungen auf die Vielfalt der Ü-Ei-Inhalte. In den 80er Jahren lagen die Zahlen der jährlich erschienenen Spielzeuge noch im zweistelligen Bereich. In den 90er Jahren produzierte Ferrero teilweise über 200 verschiedene Neuerscheinungen pro Saison.

Dazu gab es außerhalb Deutschlands stets eine komplett andere Kollektion, jedoch mit ähnlichen Ausmaßen. Seit Beginn der 1990er Jahre bekam nun auch das europäische Ausland eigene Figurenserien. Die ersten Serien waren noch dieselben, wie es sie kurz zuvor in Deutschland geben hatte. Ab 1993 erhielten diese Länder jedoch auch eigens für sie erschaffene Serien, Puzzles und auch Dioramen, die aber flächendeckend über ganz Europa verteilt wurden. Durch die offenen Grenzen in Europa fand rasch eine Durchmischung statt, europäische Serien waren in Deutschland bald heiß begehrt und hoch gehandelt.

Erst in den 1990er Jahren erhielten andere europäische Länder eigene Figurenserien. Jetzt waren Frösche, Löwen, Pandas, Condore oder Pinguine in den Eiern zu finden.

Wo ein Sammelfieber grassiert, ist ein einsetzender Markt nicht fern. Früh entstanden in Gaststätten und Gemeindehäusern eigene Sammlerbörsen und Tausch-Clubs. Die mit Abstand größteBörse ihrer Art findet bis heute mehrmals jährlich im südhessischen Dreieich statt und lockte in Spitzenzeiten Tausende Besucher an. Schon 1993 erschien mit dem „O-Ei-A" (abgewandelt von „Auweia") der erste professionelle Preisführer für Figuren, dem in den nächsten Jahren viele weitere Kataloge verschiedenster Verlage folgen sollten. Im Nachhinein war die Fülle an Preisführern in jeder Hinsicht überflüssig und verwirrend, da die

*Der Stapel zeigt, wieviel mehr oder weniger professionelle Sammler-Literatur alleine in Deutschland in den 1990er Jahren zeitgleich erschienen ist. Bis heute überlebt hat aber nur der Preisführer O-Ei-A.*

Bewertungen der Figuren von Verlag zu Verlag sehr unterschiedlich waren. Doch zu dieser Zeit wollten einfach viele ein Stück vom großen Kuchen abhaben.

Mit Börsen und Katalogen allein war es aber nicht getan. Im In- und Ausland erschienen eigene Sammler-Zeitschriften wie „Das Ei“ oder „Sammler-Hit“, im renommierten Falken-Verlag erschien 1994 das Buch „Bunter Sammelspaß aus dem Ei – Kinder Überraschung“ von Michael Mosch. Es wurden spezielle Sortierkästen in passender Einteilung für zehn oder zwölf Serienfiguren sowie Alben für die Beipackzettel hergestellt. Besonders Wagemutige hängten in dieser Zeit sogar ihren eigentlichen Job an den Nagel und stampften ein Ladengeschäft nur für Überraschungs-Eier aus dem Boden. Auf den Flohmärkten hatte jeder zweite Stand Ü-Eier im Verkauf. Viele Verkäufer betrieben das Geschäft mittlerweile gewerblich und bauten große Stände von vielen Metern Länge auf, an denen es sich um nichts anderes drehte als um die kleinen Inhalte aus dem Ei.

So florierte der Markt, und die Preise für alte, seltene oder empfindliche Figuren schossen in die Höhe. Jede neue Serie wurde mit Spannung erwartet, einzelne Figuren als besonders selten hochgejubelt, obwohl sie es objektiv betrachtet meistens gar nicht waren. Ü-Eier wurden palettenweise aus den Supermärkten geschoben. An den Gemüsewaagen bildeten sich lange Schlangen, da man glaubte, über kursierende Gewichtsangaben im Milligramm-Bereich abwiegen zu können, in welchem Ei sich welche Figur befinden könnte. Wer damals nur den Preis für seine Tomaten abwiegen wollte, musste Geduld mitbringen. Auch eine spezielle Unsitte war damals sehr verbreitet: Die Schokohälften wurden eingedrückt, um die innenliegende Kapsel besser zu fassen zu bekommen, damit dann am Klappergeräusch ein ungeliebtes Spielzeug erkannt werden konnte. So zerdrückten manche Fanatiker dann hunderte Schokoeier, bis sie meinten, genügend Figuren identifiziert zu haben. Ferrero sah sich sogar gezwungen, die Sammler mittels eines eigenen Anhängers an den Paletten auf dieses Problem hinzuweisen.

*Ferrero sah sich während des Sammelbooms gezwungen, an die Vernunft der Sammler zu appellieren.*

Die massiv gestiegenen Auflagen der Figurenserien zogen eine interessante Begleiterscheinung mit sich. Die Figuren, die auch auf dem Höhepunkt der Verkaufszahlen immer noch handbemalt wurden, hatten insbesondere ab 1994 immer häufiger kleine Unregelmäßigkeiten in der Bemalung. Vor und auch nach dieser Zeit gab es schon Farbvarianten, die von Ferrero durchaus gewollt waren; die Gründe dafür sind uns oft unbekannt. Nun aber fehlte mal ein Auge, hier war ein Knopf nicht bemalt, dort eine Augenbraue vergessen, und auch Aufdrucke wurden gelegentlich verkehrt herum gedruckt. Diese kleinen Qualitätsmängel mögen Ferrero vielleicht geärgert haben – falls die Verantwortlichen dort diese Fehler überhaupt wahrgenommen haben. Doch den Sammlern konnte man mit dieser gewissen Schlampigkeit regelrecht eine Freude bereiten. So liegt doch gerade der Reiz in den Dingen, die nicht jeder haben kann.

*Wenn die Produktionszahlen steigen, kommt es häufiger zu kleinen Fehlern, wie hier bei der Bemalung der Augen der Figur „Batida“ von 1991. Die Sammler freut´s…*

Und das ist bei solchen Zufallsfehlern immer der Fall, weshalb sie zumeist Unikate oder Zufälligkeiten und nicht Varianten genannt werden.

Die große Schar der Sammlerinnen und Sammler war damals, wie heute, bunt gefächert. Infiziert waren sämtliche Altersgruppen, gesellschaftlichen Schichten und Geschlechter, wobei der Großteil an Sammlern männlich war und ist. Das Sammler-Gen steckt den Männern scheinbar tendenziell mehr im Blut. Und das, obwohl es doch immer heißt, der Mensch sei früher „Jäger und Sammler“ gewesen, wobei das Sammeln dabei eher den Frauen zugeschrieben wird. Doch beim Sammeln von Ü-Ei-Figuren steht eben oft das Jagen im Vordergrund, ein typische Männerdomäne.

## Die 5 teuersten Sammlerstücke rund ums Ü-Ei

Nicht alles, was gesammelt wird, kommt direkt aus dem Ei. Noch höhere Preise erzielen insbesondere Dioramen, die dem Zweck zur Vorstellung der Kollektion dienten. Alte Stücke sind sehr selten, daher belegen sie auch gleich die ersten fünf Plätze dieser Hitliste. *(Stand: Juli 2023)*

### Diorama „Olympiade der Schlümpfe“ (1983)

1

Der Traum aller Figuren-Sammler. Die Schwierigkeit, dieses Diorama mit der transparenten Haube und dem originalen Ei (jawohl, mit Schokolade!) sein Eigen nennen zu können, hat den Preis für dieses rare Sammlerstück über Jahre in die Höhe getrieben.

**18.000 €**

2

### Diorama Schatztruhe (1975)

Das erste Diorama überhaupt. Der Wert wird durch die Original-Eier und den Umkarton definiert.

**14.000 €**

3

## Musterkoffer (1981/82)

Während Dioramen zur Vorstellung der Serie bei den Marktleitern der Supermärkte verblieben, reisten Ferreros Verteter mit diesem Koffer durch die Lande. Nur wenige Stücke sind heute noch erhalten.

**12.000 €**

4

## Diorama „Tao Tao" mit Poster (1984)

Bei diesem Diorama ist das zugehörige Poster das Wertvollste. Ist es verloren gegangen, reduziert sich der Wert auf 1000 €.

**7.500 €**

## Diorama „Biene Maja" (1986)

5

Bei diesem Diorama kommt auf einen allgemein unversehrten Zustand an, insbesondere das originale Schoko-Ei sollte nicht eingedrückt sein.

**6.500 €**

## Die 10 teuersten Figuren und Spielzeuge aus dem Ü-Ei

Einige Stücke aus dem Ei sind so selten, dass Sammler bereitwillig vier- oder in einem Fall sogar fünfstellige Beträge dafür ausgeben. Aber sehen Sie selbst… *(Stand: Juli 2023)*

1

**„Nachtwächterschlumpf“, Grundmaterial blau, Bemalung weiß (1979)**

Nur in der beschriebenen Version aus blauem Kunststoff, der dann weiß bemalt wurde, ist dies die wertvollste Figur überhaupt.

**15.000 €**

2

**„Musikus“, dunkelblau bemalt, mit langer Flöte aus rotem Grundmaterial, gelb bemalt (1979)**

Eine Testversion, die nur im Jahr 1979 sehr selten im Ei zu finden war.

**7.500 €**

3

**„Die Raffinerie - das Herz der Industrie“ (1979)**

Die Raffinerie aus der Spieltwelt „Der Hafen - das Tor zur Welt“ ist das teuerste Spielzeug. Die Version mit schwarzen ist etwas seltener als die mit roten Ansteckteilen.

**7.000 €**

4

**„Drachobert, der Hausdrachen von Freudenberg“ (1981)**

Dieser kleine Kerl aus der Spielwelt „Das Ritterfest von Freudenberg“ besitzt Flügel aus Papier. Nur im Topzustand bringt er seinen hohen Marktwert.

**5.500 €**

5

## „Pancho, der treue Lastenesel“ (1981)

Ebenfalls aus der Spielwelt „Ritterfest“ stammt der Lastenesel Pancho. Der hohe Preis ist jedoch nur zu bezahlen, wenn der grüne Lastenträger nicht zerbrochen ist - was meist schon im Ei passierte.

**5.500 €**

6

## „Exadon, der fürchterliche Burgdrachen“ (1981)

Der Kleine Bruder vom Drachobert. Papierschwanz und die rote Schwanzspitze fehlen besonders oft.

**5.300 €**

7

## „Eitelkeits-Schlumpf“, dunkelblau bemalt, mit Spiegel und silberner Spiegelfläche (1979)

Wie der Schlumpf auf Platz 2 eine sehr seltene Testversion der ersten Schlumpfe-Serie.

**5.200 €**

8

## „Der bärenstarke Container-Laster“ mit blauer Karosserie (1979)

Auch aus der Spielwelt „Hafen“ stammt dieser kleine LKW. Selten machen ihn die blaue Karosserie und die beiden losen Container.

**5.000 €**

9

## Beipackzettel zur Altfiguren-Serie „Ägypter“ (um 1978)

Nur ein kleines Stück Papier, aber verdammt selten!

**4.000 €**

10

## Testfigur Bill Body „Badewannenchamp“ (1993)

Diese Testfigur einer Figur aus den 1990er Jahren ist vielleicht nicht hübsch - aber selten!

**4.000 €**

## Unerwünschte Nebenwirkungen und Abflauen des Booms

Immer dann, wenn die Preise in einem Sammelgebiet rapide steigen, sind auch die Gauner schnell zur Stelle – und ihre Fälschungen, mit denen sie den Markt überziehen. Vor diesem Phänomen war auch das Überraschungs-Ei nicht gefeit. Der hohe Sammlerwert von Figuren aus der Zeit vor 1990 steckt meistens nicht in den Figuren selbst, sondern in den kleinen, losen und oft zerbrechlichen Ansteckteilen. Ein Blumenstrauß, ein Spiegel, ein paar Stelzen – diese Kleinteile gehen einfach schneller verloren oder kaputt als die eigentliche Figur. Und so ist es nicht verwunderlich, dass die Seltenheit einiger Figuren und vor allem ihrer Zubehörteile kriminelle Energien freisetzte. Spritzguss-Fälschungen, Nachgüsse oder Kopien von Beipackzetteln überfluteten schon bald den Markt.

Massenhaft verbreitet seit den 1990er Jahren: Fälschungen, insbesondere der seltenen Zubehörteile, Puzzle und Beipackzettel aus den 1980er Jahren. Das geschulte Auge erkennt die Unterschiede dennoch.

Kein Wunder also, dass sich zur Sammelfreude schon sehr bald eine große Unsicherheit bei vielen Sammlern dazu gesellte. Wem konnte man noch vertrauen? Wer kennt sich aus? Bei wem kann man noch bedenkenlos kaufen? Diese Skepsis und das Misstrauen waren dem Sammelgebiet nicht gerade förderlich. Erste Sammler, die mit dieser Situation unzufrieden waren, begannen daher auch schon bald, ihre Sammlungen zu verkaufen. Die Besucherzahlen auf den Börsen gingen Ende der 1990er Jahre zurück. Und so mancher, der seinen Lebenslauf um den neuen Hauptberuf „Ü-Ei-Händler" erweitert hatte, besann sich doch lieber auf seine früheren Fähigkeiten und suchte sich wieder eine Anstellung.

Ende der 1990er Jahre schossen in Deutschland und auch Europa andere Sammelgebiete wie Pilze aus dem Boden, die dem Überraschungs-Ei versuchten, seine Jünger abzujagen. Dies gelang temporär auch ganz gut. So waren insbesondere mit Plastikperlen gefüllte Stofftiere der amerikanischen Firma „TY", sogenannte „Beanie Babies", beim weiblichen wie beim männlichen Publikum hoch im Kurs. Etwas handfester, aber komplett uferlos, war das Archivieren von Brauerei-Trucks. Wer im Supermarkt eine Kiste Bier kaufte, bekam damals einen mit passendem Werbeaufdruck versehenen LKW nebst Anhänger dazu. Kein Wunder, dass die wenigsten dieser Sammler Frauen waren… Auch für die Kinder gab es etwas Neues: Pokémon-Karten und alles rund um die Comic-Maus Diddl des Zeichners Thomas Goletz. Viele Firmen wie Nestlé oder Haribo, die Lebensmittel produzierten, waren schon seit Mitte der 1990er Jahre auf den fahrenden Zug aufgesprungen und hatten ihren Produkten eigene Figurenserien beigelegt. Da das Ü-Ei aber zuerst da war, werden solche Figuren von Sammlern, ganz bezeichnend, „Fremdfiguren" genannt. Am Ende des Jahrzehnts gab es zumindest gefühlt kaum noch ein Produkt, das ohne eine solche Beigabe auskam.

Als der sichere Tod jeglichen Sammelns wurde zu dieser Zeit auch das Internet verflucht. Das Internet-Auktionshaus eBay fügte seiner Plattform Ende des Jahrtausends eine eigene Rubrik für Ü-Eier hinzu, die sehr schnell extrem gut angenommen wurde. Vielen Flohmarkt-Händlern, Börsenveranstaltern und Besitzern von Ladengeschäften sollte das

*Kult bei Jung und Alt: Figuren aus den Asterix-Serien aus Frankreich und Deutschland aus den Jahren 1997 und 2000.*

neue Angebot allerdings das schleichende Aus bescheren. Das Online-Geschäft vereinfachte jedoch den internationalen Handel, und das Jagdprinzip wurde durch das Auktionsformat und die Devise „3-2-1… meins!“ auf die Spitze getrieben. In dieser Zeit entstanden zudem zahlreiche Internetseiten mit Shops, Foren und Aufklärungsberichten zum Thema Fälschungen. Zu den bekanntesten und bis heute aktiven Webseiten aus Deutschland zählen sicherlich Eierlei.de, das Ü-Ei-Portal und der Ü-Ei-Stammtisch.

Das Sammeln veränderte sich also, aber es war noch lange nicht tot. Ferrero selbst legte Ende der 1990er Jahre mit Serien nach, die wahre Jubelstürme unter den Sammlern auslösen sollten. Zwei gelungene Asterix-Figurenserien, die es aus Hartplastik zuletzt in den 1970er Jahren im Ü-Ei gegeben hatte, erschienen 1997 in Frankreich und 2000 in Deutschland und Europa.

„Die Happy Hippo Hollywood Stars” aus dem Jahr 1997 und “Die Happy Hippo Hochzeit“ von 1999 waren noch einmal gigantische Umsatzerfolge. Figuren aus der Hochzeits-Serie sind bis heute ein beliebter Gag auf Geschenken zum schönsten Tag des Lebens.

*1999 wurde geheiratet: Happy Hippo und Susi Sonnenschein gaben sich das Ja-Wort.*

## Das Ei und seine Anhänger in den 2000er Jahren

Am Beginn des neuen Jahrtausends, und das war auffällig, hatte sich das Sammelverhalten deutlich verändert. Im vorausgehenden Jahrzehnt hatten den allermeisten Sammlern fast ausschließlich die bekannten Figurenserien, Beipackzettel, Puzzles und Metallfiguren als sammelwürdig gegolten. Nun schauten viele Sammler zunehmend über den eigenen Eierrand hinaus. Der Grund dafür lag auf der Hand: Es gab kaum einen Sammler, der nicht auf eine oder mehrere der zahlreichen Fälschungen bei den Figuren hereingefallen war, die den Markt seit Jahren überschwemmt hatten. Dagegen bewegten sich die vielen Fahrzeuge, Steckfiguren und Spielzeuge unterhalb des Radars der Fälscher-Szene. Und so kam es immer mehr in Mode, wirklich alles zu sammeln, was innerhalb einer Saison im Ei zu finden war. Je weiter man dieses neue Sammelprinzip

*Nicht mehr nur die Figuren standen im Fokus der Sammler: Spielzeuge aus dem Ei erzielten ab den 2000er Jahren immer höhere Preise Die gezeigten Stücke haben heute alle einen vierstelligen Sammlerwert.*

bis in die 1980er und 1970er Jahre zurück verfolgen wollte, um so empfindlicher stieg auch das Preisniveau an. Alte und zugleich seltene oder besonders fragile Stücke erzielten auf Börsen oder bei eBay Höchstpreise.

Zeitgleich begannen viele Sammler, ihre Figuren in großen Mengen auf den Markt zu werfen, insbesondere die Figuren, die sie in den 1990er Jahren pfundweise aus den Eiern geholt hatten. Denn die Preise vor allem für diese Figuren hatten aufgrund des allgemein zurückgegangenen Interesses spürbar nachgelassen. So wurden viele der ehemals geliebten Kultserien zum Inbegriff für Massenware; und Serien, die für 25 oder 30 D-Mark gekauft worden waren, brachten im Internet kaum noch drei oder vier Euro ein.

Vollumfängliche Preiskataloge gab es in Spitzenzeiten tatsächlich aus sechs verschiedenen Verlagen: Neben dem „O-Ei-A“ und dem sogenannten SU-Katalog waren dies das „Allerlei aus dem Ei“ aus dem Schrage-Verlag, der „Welz-Katalog“ aus dem Welz-Verlag, „1. Deutscher Ü-Ei-Preiskatalog“ aus dem Krägermann-Verlag und der „mini-ei Preiskatalog“ vom Verlag Höveler und Pfannholzer. Doch nach und nach wurden die meisten dieser Preisführer bis Anfang der 2000er Jahre eingestellt. Die Verkaufszahlen gaben eine Neuauflage entweder nicht mehr her, oder die Katalogmacher gerieten aufgrund einer zu optimistisch geschätzten Produktion gar in finanzielle Nöte. Langfristig durchsetzen konnten sich nur zwei Verlage: der SU-Fantasia-Verlag mit seinem Katalog „Spielzeug aus dem Ei", und der Platzbecker-Verlag mit dem „O-Ei-A Preisführer".

Beide Verlage griffen in den folgenden Jahren den Trend zum Spielzeug immer stärker auf. Es entbrannte ein wahrer Wettstreit, wer den qualitativ besseren Preiskatalog herausbrachte. Dies war ein echter Gewinn für die Sammler, denen in kurzer Zeit immer mehr Inhalte aus dem Ü-Ei präsentiert wurden, die bis dato nirgendwo erfasst worden waren. Die Kataloge wuchsen innerhalb weniger Jahre zu echten „Schinken" heran, die, obwohl anfangs als Taschenbuch geplant, garantiert in keine Hosentasche mehr passten. Verantwortlich für den Qualitätssprung waren die Sammler und Händler, die die beiden Verlage im Hintergrund mit immer neuen Abbildungen und Informationen fütterten. Nun, einer davon war ich…

Für Ferrero schien die Zeit der großen Kultserien aus der eigenen Schmiede und des damit grenzenlosen Wachstums erst einmal vorbei. Allerdings gab es wieder sehr erfolgreiche Lizenzserien. Auf die bereits genannte Asterix-Serie im Jahr 2000 folgten drei wirklich spektakuläre Serien, die ohne Zweifel auch zu den qualitativ hochwertigsten gehörten: In den Jahren 2001 bis 2003 war jeweils ab Herbst, parallel zur extrem erfolgreichen Kinofilm-Trilogie „Der Herr der Ringe", eine eigene Figurenserie im Ü-Ei zu fin-

*Die Figuren aus der „Der Herr der Ringe"-Trilogie waren auch deshalb so beliebt, weil sie dicht an den Original-Darstellern blieben.*

den. Dazu gab es diverse Sonderfiguren, spezielle Umverpackungen und Beipackzettel in diversen Varianten.

2002 gelang dem Kreativkopf André Roche außerdem ein wirkliches Meisterstück, eine eigenwillige Hybrid-Serie, die sowohl Eigenkreation als auch lizensiert war. Nach fünfjähriger Pause durften sich die Fans noch einmal über eine Serie der Happy Hippos freuen. Eine vom Schöpfer George Lucas höchstpersönlich autorisierte Persiflage seiner „Star Wars"-Trilogie schaffte es tatsächlich exklusiv ins deutsche Überraschungs-Ei – mit dem ebenso klingenden wie ironischen Titel „Star Wars – Das Hipperium spielt verrückt". Ein Novum dabei war eine limitierte Sonderfigur, die „Dark Laser Black Edition", die entgegen der normalen Serienfigur keine blaue, sondern schwarze Haut

*George Lucas höchstpersönlich autorisierte diese Persiflage seiner „Star Wars"-Filme mit Figuren wie „Hippoda", „Aubacca" und „Erzwo Hippo". Hinten rechts im Bild die seltene Sonderfigur „Dark Laser - Black Edition".*

aufwies. Über viele Jahre blieb diese Black Edition die Figur seit der Jahrtausendwende, die unter Sammlern am höchsten bewertet und gehandelt wurde.

Durch die Asterix-Comics und die weltweit populären Herr-der-Ringe- und Star-Wars-Filme wurden viele Fans dieser Geschichten auf die Figurenserien aus den Ü-Eiern aufmerksam. Und der eine oder andere von ihnen blieb dann der Ü-Ei-Szene als neuer Sammler erhalten.

## Neue Märkte - Jahre der Expansion

Anfang der 2000er Jahre erweiterte Ferrero auch seine Absatzmärkte. Das Überraschungs-Ei war nun auch in Kanada, Australien, Südamerika, China, Japan und Hongkong erhältlich. Die Inhalte bestanden jedoch meist nur aus Neuauflagen von Figuren und Spielzeugen, die man schon einige Jahre zuvor in europäischen Eiern hatte finden können. Im Jahr 2002 erschienen jedoch zwei gänzlich neue Serien nur für den japanischen Markt: die Peanuts.

*Auch nach 20 Jahren noch begehrte Figuren, die nur in Japan erschienen sind: Die Peanuts.*

Der Erfolg der Serien zu „Der Herr der Ringe" veranlasste Ferrero dazu, wieder vermehrt auf Lizenzserien zu setzen. Dies hatte das Überraschungs-Ei schließlich seit den 1970er Jahren ursprünglich groß gemacht. Da passte es perfekt zusammen, dass sich zu Beginn der 2000er Jahre ein Film-Genre neu entwickelte: Aus Zeichentrickfilmen wurden Animationsfilme. So fanden sich in den Folgejahren sehr ansehnliche Figurenserien zu den Filmen „Der Polar-Express" (2005), „Die Unglaublichen" (2005), „Ice

Age 2" (2006) und „Shrek 3" (2007) in den gelben Kapseln.

*Ab den 2000er Jahren lieferten häufig Animationsfilme die Vorlagen für neue Figurenserien.*

Die Zielgruppe blieb für Ferrero dabei immer eindeutig dieselbe: Es sind die Kinder und nicht die Sammler, für die das Überraschungs-Ei geschaffen wurde. Natürlich blieb dem Konzern nicht verborgen, dass sich die Kundschaft in den 1990er Jahren stark verändert hatte. Es war nicht mehr nur die Oma, die den Enkeln zwei Ü-Eier vom Einkaufen mitbrachte. Nein, die gigantischen Umsatzzuwächse waren Erwachsenen geschuldet, die die Figürchen in Samtkästen wie ihren Augapfel hüteten und diese zum Schutz auch noch fern von Kindern aufbewahrten. Doch bis heute richtet sich Ferrero nicht danach, was die Sammler wollen. Man nimmt dieses Phänomen zwar zur Kenntnis, unternimmt aber keine gezielten Schritte, um das Sammeln unter Erwachsenen zu forcieren.

Ich persönlich glaube, dass gerade das ein großer Pluspunkt der Ü-Eier von Ferrero ist. Es gibt unzählige Beispiele von Konzernen, die versuchen, das Sammeln ihrer Produkte stets mit speziellen Sonder-Editionen interessanter zu machen. Das gilt für alles Mögliche, seien es Spielzeuge, Sammelkarten, Briefmarken oder Münzen. Eher selten sind aufgrund hoher Auflagen dann aber genau diese Editionen besonders werthaltig, meist ist das Gegenteil der Fall. Bei Figuren und Spielzeugen aus dem Ü-Ei ist das Sammeln echter, ursprünglicher und gewachsen, nicht künstlich erzeugt. Und die grundsätzliche Verschwiegenheit des Ferrero-Konzerns zu Produktionsabläufen oder einem möglichen Archiv aller jemals erschienen Figuren und Spielzeuge verleiht dem Sammeln nach wie vor das kribbelnde Gefühl des Geheimnisvollen. Kurzum: Es gibt aufgrund fehlender offizieller Bestätigungen von Ferrero immer etwas Neues zu entdecken oder zu erforschen.

Das Jahr 2004 brachte eine technische Veränderung mit sich, die das Sammeln nachhaltig beeinflussen sollte. Bis zu diesem Jahr hatte Deutschland seine eigenen Kollektionen an Spielzeugen erhalten; hätten sich die hohen Absatzzahlen der 1990er Jahre in Deutschland auch in den 2000er Jahren ungehindert fortgesetzt, wäre dies vielleicht so geblieben.

Jedoch waren die EU-weiten Anforderungen beim Verkauf von Lebensmitteln in Verbindung mit kleinteiligem Spielzeug enorm gestiegen. Nun erschienen europa- und sogar weltweit die gleichen Spielzeuge und – mit vielen Ausnahmen – auch Figurenserien. Durch die Vereinheitlichung wurde die Kollektion der in Europa erschienenen verschiedenen Inhalte allerdings beträchtlich kleiner, was verständlicherweise nicht jedem Sammler gut gefiel.

Ferrero hatte zu diesem Zweck ein Tochterunternehmen mit Sitz in Luxemburg gegründet, die „Magic Production Group“, kurz M.P.G.. Neben den Kapsel-Inhalten produzierte diese Firma aber auch Kurzfilmchen und animierte Spiele. Mittels eines individuellen Codes, dem „Magic-Code“, konnte man im Internet unter www.magic-kinder.com ein Spiel spielen, bei dem es dann digitale Preise wie z. B. Malbilder zu gewinnen gab. Anfangs, und das bereits seit dem Jahr 2001, wurden diese Codes nur den Figuren beigelegt, später aber allen Ei-Kapseln.

*Ü-Ei goes Internet, mit dem Magic-Code*

Die, aus Sicht der Sammler unerwünschte, Verringerung der Vielfalt konnte ab dem Jahr 2006 aber kompensiert werden. Aus Qualitätsgründen standen seit jeher in den warmen Sommermonaten keine Überraschungs-Eier in den Supermärkten. Die dünnen Hälften aus Vollmilch-Schokolade waren einfach zu sensibel gegenüber der Wärme. Ein neues Produkt sollte Abhilfe schaffen und das Sommerloch für Ferrero schließen: das Kinder Joy Ei. Es bestand aus zwei stabilen Plastikhälften: die eine mit einer Nussnougat-Creme und zwei Haselnuss-Pralinen, die andere mit den begehrten Figuren und Spielzeugen. Weil die gelbe Kapsel fehlte, konnten beide Hälften aufgrund des größeren Platzangebots ab jetzt auch mal etwas ausladender befüllt werden.

Die Entwicklung von Kinder Joy Eiern sollte zudem der Wegbereiter für einen weiteren Expansionsschritt in Länder sein, in die man sich auch aus klimatischen Gründen bislang nicht vorgewagt hatte. So wurde Kinder Joy in den Folgejahren in Indien, China, Indonesien und auf der Arabischen Halbinsel eingeführt. Das klassische Überraschungs-Ei gab und gibt es dort jedoch nicht zu kaufen.

*Auch im Sommer verkäuflich: Das Kinder Joy Ei.*

Im Spätsommer 2006, am 16. September, veranstaltete Ferrero eine Riesenveranstaltung, die ihresgleichen suchte. In einem Park in Bonn Rheinaue sollte es das „Größte Kinder Überraschungs-Fest aller Zeiten" geben, was auch definitiv gelang und viele Sammler noch heute ins Schwärmen bringt. Das Fest diente als Promotion-Aktion zur gerade erschienenen Figurenserie „Mission Maulwurf 2 – Hand-

*Volles Haus beim Ü-Ei-Tag 2006 in Bonn. Den Mittelpunkt bildete die große Bühne in Form eines gigantischen Ü-Eis.*

tuchkrieg auf Mallorca". Diese Serie, eine Eigenkreation von Ferrero, wurde außergewöhnlich stark beworben. Die Figur Pete Paparazzo, in den Eiern mit Kamera und einer BILD-Zeitung ausgestattet zu finden, schaffte es sogar mit einem eigenen Artikel in das Boulevard-Blatt.

*„Pete Paparazzo" und die Sonderfigur „Ronnie Riesenei".*

Es war ein großes, klassisches Familienfest: mit Gewinnspielen, mit Essens- und Getränkeständen, und mit Auftritten namhafter Künstler wie Ben oder Sasha. Doch ein Stand lag bei den Sammlern damals ganz vorne: Jeder Besucher sollte am Stand von „Ronnie Riesenei“ die gleichnamige Sonderfigur erhalten. Alle Neugierigen mussten sich schon in Geduld üben, denn ein bis zwei Stunden Wartezeit in brütender Hitze waren anfangs einzuplanen. Leider gab es keine Fortsetzung dieses Ü-Ei-Tags in späteren Jahren, es sollte ein bis heute einmaliges Ereignis bleiben.

2007 veränderte Ferrero dann nach über 30 Jahren maßgeblich einen wichtigen Bestandteil in jedem Überraschungs-Ei: Die zweiteilige Kapsel wurde einteilig. Beide Hälften sollten fortan über einen Steg verbunden sein. Grund für diese neue, patentierte Form der Kapsel wird ein leichteres Öffnen gewesen sein. Prall gefüllte Kapseln waren in der Vergangenheit für Kinderhände oftmals schwer zu öffnen gewesen.

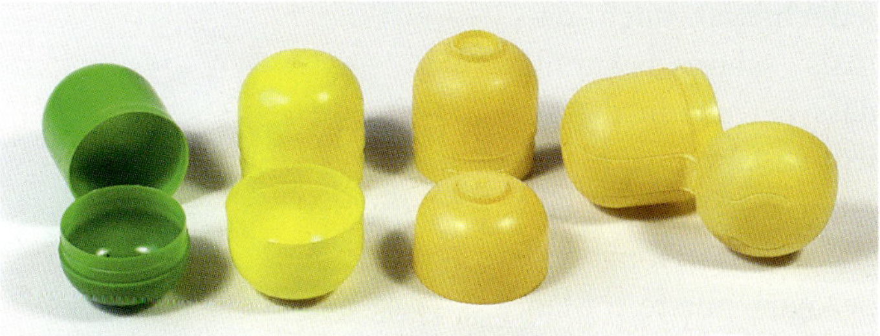

*Die Ü-Ei-Kapsel im Zeitraffer: Von der ersten Bauform aus den 1970er und 80er Jahren (links im Bild), bis hin zur aktuellen Kapsel am Steg.*

## Skandal! Die sogenannte Altfiguren-Krise und ihre Folgen

Im ausgehenden Jahr 2008 wurde der Sammlermarkt von einem echten Skandal erschüttert, der die Sammler bis heute nachhaltig verunsichern sollte. Doch was war passiert? Bis 2008 wurden in den Preiskatalogen zahlreiche Figuren aus den Anfangsjahren der 1970er Jahre aufgeführt, deren Zugehörigkeit zum Ü-Ei nie ganz geklärt war. Klar, sie passten in die Kapseln, sie waren aus Hartplastik, und sie waren sicher nett anzusehen. Einige davon waren selten und andere sogar sehr selten, so dass Preise bis in den hohen dreistelligen Euro-Bereich gerne gezahlt wurden. Jedoch war auch damals schon bekannt, dass Ferrero in diesen frühen Jahren seine Figuren aus Fernost, vor allem aus Hongkong bezogen hatte. Man konnte sich keinesfalls sicher sein, dass Ferrero

*Die Figur aus dem Ü-Ei, der Freiheitskämpfer Paul Revere, und sein noch verpacktes Ebenbild aus dem US-Spielzeughandel.*

diese Figuren dort exklusiv eingekauft hatte. Nur wusste man wenig darüber, wen die dortigen Spielzeug-Firmen noch beliefert hatten.

Und so kam, was irgendwann kommen musste: Bei eBay in den USA tauchten teilweise riesige Bestände von Figuren auf, die eigentlich – zumindest auf dem deutschen Sammlermarkt – topselten gewesen waren. In den USA waren sie dagegen in großen Stückzahlen für den Souvenirhandel oder als Tortendekoration bestimmt gewesen. Dass nur die wenigsten Sammler aus Deutschland die amerikanische eBay-Plattform besuchten, machten sich einige Händler und auch Sammler hierzulande zunutze. Sie kauften die Figuren in den USA in großen Stückzahlen auf und verkauften sie am hiesigen Markt als originale Ü-Ei-Figuren. Es dauerte nicht lange, bis die Bombe flächendeckend platzte. Bis dahin hatten aber schon Zehntausende Euro die Besitzer gewechselt für Ware, deren Wert in den folgenden Wochen steil gegen Null tendieren sollte. Die Internetforen waren zu dieser Zeit auf dem Höhepunkt. Opfer, Schuldige und Inhaber verschiedener Meinungen zu diesem Thema fielen monatelang übereinander her. Auch juristische Auseinandersetzungen soll es gegeben haben.

Zurück blieb ein Scherbenhaufen, bei dem nun vor allem die Preiskataloge gefragt waren, wieder Struktur und Übersicht in dieses Sammelgebiet zu bringen. Viele Sammler hatten bereits aufgegeben und dem Überraschungs-Ei seit diesen Vorfällen endgültig den Rücken gekehrt.

Nach 16 erfolgreichen Jahren hatte der Verleger des Preisführers „O-Ei-A", Adrian Platzbecker, jedoch keine Ambitionen mehr, diese nötige Aufklärungsarbeit zu leisten. Die Auflagenhöhen, die in den goldenen 1990er Jahren noch im hohen fünfstelligen Bereich gelegen hatten, waren in den vierstelligen Bereich geschrumpft. Und so trat ich in seine Fußstapfen, nachdem ich im Sommer 2009 bei einem mehrtätigen Besuch im pfälzischen Ochtendung einen Crash-Kurs in Sachen Verlagsführung erhalten hatte. Zum Jahresbeginn 2010 gründete ich die Feiler Verlagsgesellschaft mbH, in der fortan der „O-Ei-A" erscheinen sollte. Doch der neue Schwung erzeugte mächtig Gegenwind, denn der „O-Ei-A" war ja nicht konkurrenzlos. Der „Katalog – Spielzeug aus dem Ei" aus dem SU-Fantasia-Verlag bewegte sich bei den Verkaufszahlen auf Augenhöhe, und das sollte aus Sicht seiner Macher natürlich so bleiben.

Das heikle Thema der Altfiguren-Krise wurde von beiden Verlagen zügig umgesetzt. Figuren, die jahrelang zu hohen Bewertungen gelistet, aber gar nicht dem Ü-Ei entschlüpft waren, wurden konsequent gestrichen. Preise für viele Figuren wurden deutlich nach unten korrigiert. Und eine farbliche Markierung zeigte den Sammlern nun an, welche Figuren ausschließlich aus dem Überraschungs-Ei stammten und bei welchen auch eine andere Herkunft möglich war.

Im Frühjahr 2011 trat dann Ulrich Schwarz, Geschäftsführer des SU-Fantasia-Verlags, mit der Bitte um ein Gespräch an mich heran. Wir waren uns einig, dass es langfristig mehr Sinn ergeben würde, wenn es nur noch einen Preisführer für das Sammelgebiet gäbe. Ich jedoch war ja gerade erst eingestiegen in die Branche und noch voller Tatendrang. Auf der anderen Seite orientierte man sich geschäftlich gerade um, und so lag es nahe, dass ich die Rechte am „Katalog – Spielzeug aus dem Ei“ erwerben sollte. Aus dem SU integrierte ich fehlendes Material in den „O-Ei-A“ und ließ fortan nur noch diesen Preisführer erscheinen. Dies gefiel natürlich nicht jedem, war aber in dieser neuen Konstellation alternativlos.

*Zur Auflage 2013 war im O-Ei-A auch das fehlende Material aus dem Katalog „Spielzeug aus dem Ei“ enthalten. So umfangreich war bis dato kein Preisführer gewesen.*

## Die 2010er Jahre: Spiel, Schokolade – und die Spannung?

Anfang der 2010er Jahre hatte sich das Handeln und Sammeln von Ü-Ei-Inhalten längst fast vollständig ins Internet verlagert. Ladengeschäfte gab es kaum noch, viele Börsenveranstalter hatten aufgegeben, das Erscheinen sämtlicher Fachzeitschriften war eingestellt worden; und auf den Flohmärkten waren professionelle Händler schon lange Zeit nicht mehr gesehen worden. Von Laien hörte man damals oft die Nachfrage: „Sammelt das denn heute noch irgendwer?“. Für den Außenstehenden mochte die Szene damals mausetot sein, und dieser Eindruck hält sich bei vielen bis heute. Doch für den Insider war sie es definitiv nicht, nur die öffentliche Präsenz war nicht mehr da. Wer nicht gerade internetaffin war, wurde von den Märkten jedoch mehr und mehr abgeschnitten, ein Zustand, der heute für die meisten Sammlermärkte gilt und sich kaum verbessern wird.

In den Jahren 2011 und 2012 beherrschten dann zwei große Themen die Sammlerszene. Zum einen stellte Ferrero von der jahrzehntelang angepriesenen Handbemalung der Figuren auf eine maschinelle Bemalung um; dass dies nicht gerade wohlwollend aufgenommen wurde, war sicher keine Überraschung. Zum anderen erfand Ferrero ein neues Produkt, das in weiten Teilen der Bevölkerung bis heute Kopfschütteln auslöst: das Mädchen-Ei. Bis dato gab es ein Ei für alle, mit Spielzeugen und Figuren, die meistens ziemlich unspezifisch waren, was das Geschlecht der Kinder anbelangte. Doch jetzt wurde es pink! Neben dem klassischen Ü-Ei gab es für das Mädchen-Ei neue eigene Displays in klischeehaftem Design. Die Figurenserien bestanden und bestehen bis heute meist aus langbeinigen Frauen der Marken Barbie, WinX oder Disneys Prinzessinnen. Spielzeuge waren meist putzige Tierkinder oder Plastikschmuck, der auch noch ordentlich glitzern musste.

*Mitunter schwer einer konkreten Serie zuzuordnen: Figuren aus dem Mädchen-Ei.*

Die Presse verriss die Markteinführung als altertümlich. In Zeiten, in denen alles nach Gleichberechtigung drängt und versucht, geschlechterspezifische Unterschiede zu glätten oder zu harmonisieren, wirkte dieser Schritt tatsächlich vollkommen überflüssig und wie aus der Zeit gefallen. Im Jahr 2018 lenkte Ferrero dann ein, drehte den Spieß sogar um. Von nun an gab es das Classic-Ei und das Rosa-Ei für jeden. Das Classic-Ei soll dabei eine eher technik- und naturinteressierte Zielgruppe ansprechen, das Rosa-Ei eine etwas verspieltere Kundschaft. Wer nun noch behauptete, eigentlich habe sich nichts geändert, den konnte man nun leicht überführen, selber noch in genderspezifischem Denken gefangen zu sein. Man kann nur sagen: Die Marketing-Abteilung von Ferrero hatte den Kopf mit Bravour aus der Schlinge gezogen. Die Presse geht seitdem zumindest deutlich milder mit dem Thema um.

Für die Figuren-Vielfalt war die Einführung der Mädchen-Eier bis heute aber so gar nicht förderlich. Seitdem erscheinen fast ausschließlich Lizenzserien, deren Charaktere sich oft in leicht abgewandelter Form von Serie zu Serie wiederholen. Man kann ob der Vielzahl an Serien aus „Ice Age", „Barbie", „Disneys Prinzessin", „Hello Kitty", „Mascha und der Bär", „Minions" und „Avengers"-Superhelden aus der Marvel-Schmiede schon sehr leicht den Überblick verlieren, welche Figur nun in welche Serie gehört. Selbst den vor Jahren herbeigesehnten neuen Serien der „Schlümpfe" wird man überdrüssig, wenn sie quasi im Jahresrhythmus erscheinen. Doch solange die immer gleichen Lizenzen international bei den Kindern ziehen, wird das Klagen der alternden Sammler wohl nicht erhört werden. Wie schon geschrieben: Bei Ferrero sind die Kinder die Könige, nicht die Sammler.

*Zwar immer noch nett anzusehen, doch für die Sammler ist nach diversen Neuauflagen von Figuren beliebter Kinder-Serien leider oft die Luft raus.*

Ein Lichtblick war eine Serie im Jahr 2014. In dem Jahr feierte das Ü-Ei 40. Geburtstag. „Die Überraschungs-Party" war eine aus vielen Kult-Figuren zusammengewürfelte Serie aus 14 Charakteren. Hier waren plötzlich wieder Hippos, Törtels und Pingos im Ei, dieses Mal vereint in einer Serie, die plastikgewordene Erfüllung für jeden Nostalgiker. Auch an eine Sonderfigur, das „Goldene Marylinchen", hatte Ferrero gedacht. Sie war nur sporadisch in speziellen Sonderverpackungen zu finden: Die Jagdsaison war mal wieder eröffnet!

Sicherlich die gelungenste Serie der letzten Dekade: „Die Überraschungsparty“ aus dem Jahr 2014.

Die zweite Hälfte der 2010er Jahre plätscherte ohne große Aufreger vor sich hin. In den Supermärkten verlor das Ü-Ei deutlich an Präsenz, von großen Ansammlungen prall gefüllter Displays an den wichtigsten Laufwegen im Supermarkt ist nur noch selten etwas zu sehen. Diskutiert wird über das Ü-Ei immer mehr auf Facebook, was die klassischen Internetforen verwaisen lässt. Manch einer entschließt sich aus diesen und anderen Gründen sogar dazu, sein Forum für immer zu schließen. Erfreulich jedoch ist, dass Facebook, eBay und Co. die Fans der Ü-Eier immer weiter zu einer multikulturellen Gemeinschaft vereinen, deren Mitglieder dann ebenso erst über WhatsApp und schließlich auf dem Postwege tauschen.

Im Herbst 2018 gelang Ferrero ein großer Coup, den man selbst wohl kaum noch für möglich gehalten hatte. Mit Kinder Joy wird endlich auch der US-amerikanische Markt erobert. In den USA herrscht ein striktes Verbot, Spielzeuge in den Markt zu bringen, die vollständig von etwas Essbarem umhüllt sind. Daher hatte Ferrero lange Zeit vergeblich versucht, das klassische Überraschungs-Ei in den USA zu platzieren. Mit dem Kinder Joy konnte diese Hürde nun genommen werden: Spielzeug und Schokolade waren nebeneinander im Ei, das Spielzeug nicht mehr vollstandig von Schokolade umgeben. In den ersten Jahren brachte Ferrero in den USA noch diverse Neuauflagen aus dem europäischen Sortiment in das Kinder Joy, doch mittlerweile erhalten die USA ihre eigenen Figurenserien.

## Im Interview

| | |
|---|---|
| Name: | Ralf Grimm |
| Jahrgang: | 1962 |
| Wohnt in: | Warstein (NW) |
| Sammelt seit: | seit Anfang 2020* |

Lieber Ralf,
wir kennen uns über eBay und auch meine Sammlerbörse in Bremen hast Du schon oft besucht, obwohl es für Dich aus Warstein nicht gerade um die Ecke ist. Du musst also ein leidenschaftlicher Sammler sein, darum habe ich Dich gerne als Interviewpartner ausgewählt. Los geht´s!

Dein Haus brennt. Welche drei Figuren oder Spielzeuge aus Deiner Sammlung nimmst Du mit? Und warum gerade die?

> Ich habe mich dazu durchgerungen, den kleinen Roboter „RALPHY“ zu retten, weil ich ihn persönlich 1987 aus dem Ei geholt habe. Dies geschah völlig zufällig, denn zu der Zeit lag mir das Sammeln fern. Zu-

** Punktgenau seit dem ersten Corona-Lockdown, also erst seit Anfang 2020, aber mit sehr viel Leidenschaft und Herzblut!*

dem ist er mein Namensvetter und hat mich seitdem immer begleitet. Als zweite Figur „Elvis, der Gitarrist", eine Kapselfigur von 1982/83. Ich bin ja auch Gitarrist und der Meinung, dass der wohl kaum zu ersetzen ist. Die dritte im Bund ist „Erna, der Blitz von Schrondorf", auch von 1982, weil ich die Bezeichnung unglaublich lustig, und die Figur als Heldin des Alltags herzerfrischend finde.

Was war Dein bester oder größter Flohmarkt-Fund?

Das wird auf jeden Fall der Eitelkeits-Schlumpf mitsamt dem Spiegel gewesen sein. Auf der Ü- Ei Börse in Bremen wurde mir aber durch die Begutachtung eines versierten Ausstellers erst bewusst, dass es sich sogar um den seltenen „Erdbeerschlumpf" plus „Erdbeerspiegel" handelt, eine besonders seltene Variante mit einem Spiegel aus erdbeerrotem Kunststoff.

Ü-Eier wurden für Kinder erfunden….eigentlich! Was sagt Dein bester Freund oder engster Verwandter unter den Erwachsenen zu Deiner Leidenschaft für Ü-Eier?

Meine Freundin hat das von Anfang an unvoreingenommen und offen unterstützt. Sie stellt mir von Zeit zu Zeit, zum Beispiel an Ostern oder Weihnachten, in ihrer Wohnung ein Sideboard zur Verfügung, wo ich dann eine kleine Ausstellung aufbaue, die auch von anderen Besuchern gut aufgenommen wird. Nur als ich meine Kinder-Überraschungs-Bettwäsche aufziehen wollte, fand sie das wohl „irgendwie schräg“ - deswegen fristet die nun weiterhin ihr Dasein als Sammlerstück in einer Schublade.

2024 wird das Ü-Ei 50 Jahre alt. Was würdest Du den Machern von Ferrero auf der Geburtstagsparty sagen?

Ich würde mir ein historisches Archiv für alle Ü-Ei-Inhalte von gestern bis heute wünschen. Dieses sollte wie ein Museum interessierten Besuchern zugänglich sein. Da würde ich gerne auch mitarbeiten.

Du wirst Chef von Ferrero - welche Figur oder Serie würdest Du im Ü-Ei erscheinen lassen, die noch nie im Ei war?

Ganz klar meinen Lieblings-Super-Hero „Deadpool“ mit seinen Mitstreitern oder auch Gegnern.

Welche Ratschläge würdest Du Neueinsteigern geben, die gerade mit dem Ü-Ei-Sammeln begonnen haben?

Ins kalte Wasser springen und sich ein älteres Konvolut in einer großen Kiste zulegen. Das ist wie ein Puzzle, weil viele Figuren und Spielzeuge in Einzelteilen vorhanden sind. Da braucht man natürlich Geduld und die Hilfe von Abbildungen (z.B. aus dem Preisführer O-Ei-A), aber man lernt wirklich viel über die verschiedenen Inhalte und findet mit etwas Glück auch mal einen Schatz. Und natürlich: Lieber von Anfang an auf Qualität setzen und nicht so viele Sätze anschaffen nur weil sie günstig sind; man braucht keine zehn Sätze von „Aqualand".

Vielen Dank für Deine Zeit, lieber Ralf.

Das Interview führte André Feiler

## 2020 bis 2023 – Ein Revival in Krisenjahren

Gleich zu Beginn des neuen Jahrzehnts brach die Corona-Pandemie über den Globus herein. Was dann folgte, haben wir alle erlebt. Für die Sammlerszene waren die Begleiterscheinungen erst einmal überschaubar, denn der Markt hatte sich ja in den vergangenen 20 Jahren sowieso zum größten Teil ins Internet verlagert. Da fiel es anfangs auch nur den wenigsten schwer, auf Sammlerbörsen zu verzichten. Die verbliebenen Veranstaltungen dieser Art – in der gesamten Republik ohnehin kaum mehr als eine Handvoll – hatten sowieso in den 2010er Jahren mit einem starken Besucherschwund zu kämpfen gehabt.

Nun hatten viele Leute in Ermangelung echter Alternativen viel Zeit, endlich einmal ihre Keller und Dachböden aufzuräumen. Und natürlich fand sich dort sehr häufig noch ein Karton mit der Ü-Ei-Sammlung, die in den 1990er Jahren liebevoll gehegt worden, nun aber stark eingestaubt war. Was tun? Der größere Teil entschied sich, die Figuren einem Händler anzubieten. Doch die professionellen Verkäufer winkten ab: Figuren aus der Boom-Phase gebe es zuhauf auf dem Markt, da bestehe kein Interesse. So wanderte ein Großteil dieser Sammlungen vermutlich wieder dorthin, wo sie hergekommen waren.

Doch ein merklicher Teil der ehemaligen Sammler kam tatsächlich wieder auf den Geschmack und sammelte weiter. Was sollte man im Lockdown auch sonst mit seiner Zeit anfangen? Und die, die sowieso schon aktive Sammler waren, konnten froh sein, ein Hobby weiter pflegen zu können. Sammeln war auf einmal wieder im Trend. Alle klassischen Sammelgebiete genossen einen großen Zulauf – und da gehörte das Überraschungs-Ei inzwischen auf jeden Fall dazu. Die Bereitschaft, auch höhere Beträge in seine Sammlung zu investieren, war auf einmal wieder vorhanden, nicht nur bei einer breiteren Menge an eingesessenen Sammlern, sondern auch bei vielen Neusammlern. So griffen die bekannten Gesetze der Marktwirtschaft: Was gefragt und auch noch selten ist, wird teurer. Die Preise für hochkarätige Figuren erfuhren einen kräftigen Schub nach oben, aber auch neuere und viele ältere, mittelklassige Serien mit beliebten Charakteren zogen spürbar im Preis an.

Im Jahr 2022 gingen die Einschränkungen, die die Pandemie mit sich gebracht hatte, für uns alle merklich zurück. Doch der Angriff

*Schilderwald in Bremen: die erste Sammlerbörse während der Corona-Pandemie im Spätsommer 2021.*

von Russland auf die Ukraine verursachte stark ansteigende Energie- und Lebensmittelpreise, das Konsumklima flaute ab. Für die Hobbys blieb nun weniger Geld übrig, und so relativierte sich der neuerliche, pandemiebedingte Hype wieder. Die Sammlerbörsen öffneten zwar wieder, waren aber zu Beginn nur verhalten besucht. Die „O-Ei-A"-Preisführer konnte ich aufgrund der hohen Druckkosten, die stark an die Energiepreise gekoppelt sind, erstmals nur digital erscheinen lassen. Eine Verdoppelung der Verkaufspreise hielt ich nicht für vertretbar.

Ferrero blieb währenddessen seinem Weg treu, setzte weltweit nach wie vor zum größten Teil auf bekannte Charaktere aus aktuellen Kinderserien und Filmen. 2020 startete Ferrero mit der „Applaydu"-App in ein immer digitaler werdendes Zeitalter. Die aus dem Ei geschüttelten Spielzeuge und Figuren sollten noch enger mit einer eigens geschaffenen virtuellen Welt mit spielerischem, aber auch pädagogischem Ansatz verknüpft werden. Ein absolut richtiger Schritt, wenn man Kinder und auch Eltern weiterhin für sein Produkt begeistern will.

## Ein Ausblick

Doch wie wird es weitergehen, mit dem Überraschungs-Ei, mit dem Sammeln? Man kann feststellen, dass es schon ziemlich viele Höhen und Tiefen gemeistert hat. Oftmals schon tot geglaubt, aber immer noch da. Wie viele Sammelgebiete hat auch das Ü-Ei vor allem ein Problem: Es fehlt der Nachwuchs. Der typische Neueinsteiger ist nur sehr selten unter 30 Jahre alt. Zwar scheinen die Geschäfte für Ferrero mit dem Ei nach wie vor gut zu laufen, denn schließlich hat man über die Jahrzehnte über den gesamten Globus expandiert und sein Produkt immer wieder dem Zeitgeist angepasst. Doch die Zielgruppe, also die Kinder, werden heute kaum noch zu Sammlern, auch nicht, wenn sie älter werden.

Das Sammeln hat sich in den letzten 30 Jahren schon enorm verändert. Während in den 1990er Jahren das Spektrum kaum hinausging über die bis dato erschienenen Figurenserien und vielleicht die Puzzles und Beipackzettel, so ist das Sammeln heute vielfältiger, oft aber auch spezieller. Die Sammler sind weniger geworden, ganz bestimmt sogar. Doch die, die heute sammeln, sind im Schnitt viel professioneller. Dies resultiert natürlich aus drei Jahrzehnten Forschungsarbeit auf diesem Gebiet, deren Ergebnisse die Sammler über die Preisführer und einschlägige Websites im Internet erreichen. Das allgemeine Preisniveau für die Sammlerstücke hat sich gut gehalten und in vielen Bereichen sogar massiv gesteigert; denn das Sammeln derer, die der Szene früh den Rücken gekehrt hatten, ging kaum über zwei Setzkästen mit Allerwelts-Figuren hinaus. Und während das Zentrum der Sammelleidenschaft in den Boom-Jahren in Deutschland lag, ist die Leidenschaft für Ü-Eier heute ein globales Phänomen. Wer erfolgreich sein will, sei es im Tausch oder im Verkauf, der muss sich international aufstellen. Als Händler genügte es früher, ein Einzugsgebiet von 20 km rund um seinen Wohnort abzudecken: vielleicht ein Ladengeschäft, ein Stand auf einer der damals unzähligen Börsen und wöchentliche Präsenz auf den Flohmärkten. Heute aber sollte man auch bereit sein, seine Figuren nach Argentinien oder Indonesien zu verschicken.

Meine eigene Faszination für das Sammelgebiet ist ungebrochen, auch wenn ich selber seit vielen Jahren kein aktiver Sammler, sondern Händler, Börsenveranstalter und Verleger der „O-Ei-A"-Preiskataloge bin. Zu Beginn war es schon ein seltsames Gefühl, den Leuten zu erzählen, was man beruflich macht. Insbesondere unter Männern, die etwas „Handfestes" machten, wirkte das Ganze doch alles andere als bodenständig, teilweise geradezu lächerlich. Mit der Zeit allerdings und mit vielen positiven Reaktionen gewann ich mehr und mehr an Selbstbewusstsein und kann heute mit Stolz erzählen, wie ich meine Brötchen verdiene. Inzwischen ist das Ganze zum Familien-Unternehmen herangewachsen, denn nach der Geburt unseres Sohnes ist meine Frau nicht wieder in ihren Job als Geologin zurückgekehrt, sondern arbeitet nun täglich an meiner Seite.

Da das Thema Nachhaltigkeit uns immer stärker beschäftigt, bin ich sehr gespannt, welche Wege gerade Ferrero hier in den kommenden Jahren gehen wird. Ein global vermarktetes Wegwerf-Spielzeug aus Vollplastik halte ich eigentlich schon heute, spätestens aber in fünf bis zehn Jahren, für kaum noch vertretbar. Hier werden die Verantwortlichen von Ferrero sicher ökologischer denken müssen.

Für die Zukunft des Sammelns sehe ich drei richtungsweisende Faktoren, die über die weitere Entwicklung entscheiden werden: Das Überraschungs-Ei muss weiterhin im Handel bleiben; die für den internationalen Sammlermarkt wichtigen Internet-Plattformen wie eBay müssen erhalten bleiben; und einen Preisführer als Leitfaden halte ich ebenso für unverzichtbar. Die Zeit wird zeigen, wie lange wir noch auf diese Stützpfeiler bauen können.

Ich hoffe sehr, dass die Ü-Ei-Szene bunt, lebendig und aktiv bleibt. Denn das Sammeln ist nicht bloß ein beliebiger Zeitvertreib für Individuen; das Sammeln ist auch eine kulturelle Leistung mit Tradition, die Gemeinschaft stiftet und Wissen und Erfahrungen bewahrt. Das gilt für viele Sammelgebiete – aber eben auch und besonders für die bunte Welt der Ü-Eier.

## Über das Ü-Ei-Sammeln...

Eine Daseinsberechtigung hat das Sammeln definitiv, gerade in einer Welt, die sich immer schneller dreht. Sammeln kann entschleunigen, kann uns eine Zeit lang bei der Beschäftigung mit unseren kleinen Schätzen aus dem oft tristen, stressigen Alltag in eine andere, farbenfrohe Welt entführen. Fast jeder hat diese Erfahrung bestimmt schon einmal mehr, mal weniger intensiv machen dürfen. Und wenn nicht: Probieren Sie´s aus, es lohnt sich!

Sammler sind in guter, in bunter Gesellschaft. Es gibt kaum einen Typus, den das Fieber des Sammelns noch nie befallen hat: Von Goethe über Fußballer bis zum Baulöwen lassen sich alle möglichen Charaktere in der Sammlerschaft erkennen. Kunstwerke auf Leinwand oder in Stein, Oldtimer, Briefmarken, Puppen und anderes Spielzeug bis hin zu Münzen, Mineralien oder Autogrammen – gesammelt wird alles, was einen hinreichend großen Reiz auslöst und das Verlangen weckt, besessen zu werden.

Das gilt auch für die Fans der Ü-Eier: Ich kenne Ärzte und Finanzbeamte, Busfahrer und Rechtsanwälte, Philosophen und Bandarbeiter, Arbeitslose und viele mehr, die der Faszination der Miniaturwelten aus dem Ei erlegen sind. Sogar einen internationalen Rockstar verzeichnete die Sammlerwelt (ja, Lemmy Kilmister, Frontman der Heavy

Metal-Band „Motörhead", sammelte Ü-Eier!). Oft werden die Hartplastikfiguren gesammelt, aber bei weitem nicht alleine. Spielzeuge zum Basteln, Puzzles, Autos, Schmuck, Steckfiguren, Schiffe, Spielwelten, Beipackzettel, Flugzeuge und alles, was sonst noch der Fantasie der Ferrero-Entwickler entsprungen ist, stehen mehr oder weniger wohl geordnet in Regalen, die oft ganze Zimmer ausfüllen.

Das Sammeln ist die geordnete Aufbewahrung von Objekten, die des Bewahrens würdig sind, einschließlich des Jagens der Objekte, das zum Sammeln gehört wie das Kochen zum Essen. So verstanden ist das Sammeln eine ernsthafte und für eine Gesellschaft kulturell bedeutende Leistung. Nun sind Fußballschlümpfe, Tao-Tao-Puzzles oder Kutschen aus dem Westernland zwar keine Goethe-Briefe oder Gemälde von Van Gogh, aber nichtsdestoweniger sind sie Kultur, Alltagskultur, prägende Eindrücke von Generationen, Spiegel von Zeitgeist und Moden. Und es gibt nicht nur nostalgische Gründe, Objekte auch aus Ü-Eiern zu sammeln. Das geordnete Aufbewahren gewährt Einblicke, die ohne das Sammeln – nur durch die unverbundene, zufällige Aufbewahrung und sporadische Beachtung der Objekte – gar nicht möglich wären. Damit leisten Sammler Beiträge zum kollektiven Bewusstsein, zur Erinnerungskultur ganzer Generationen, indem sie Wissen generieren und Kulturgüter konservieren. Der Spaß dabei ist gratis.

Ein solches Verständnis des Sammelns setzt aufrichtiges Interesse an den Gegenständen voraus. Für andere Motive ist bei echten Sammlern kein Platz. Die Faszination bleibt über Jahre erhalten und treibt sie an, das Sammeln fortzusetzen. Darüber hinaus leitet sie die Neugierde, die Erforschung der Hintergründe, Zusammenhänge und des Ursprungs der Objekte. Darin unterscheiden sich Ü-Ei-Sammler überhaupt nicht von Kunst-, Autogramm- oder Münz-Sammlern. Was einer sammelt, hängt oft vom Zufall ab, von nostalgischen Funden, spontaner Begeisterung und, zugegeben, auch vom Geldbeutel. Doch wie und zu welchem Zweck jemand sammelt, ist eine Frage der Einstellung und entscheidet darüber, ob er bloß Werte anhäuft oder als echter Sammler zusammen mit anderen das Sammelgebiet weiterentwickelt.

Bei manchen Sammlern dominiert allerdings das Protzen, das Prahlen mit Wissen und Buhlen um Bewunderung statt Aufklärung, und eine Fixierung auf wertökonomische statt auf ästhetische Fragen und Freude an den Objekten. Jeder Mensch kann – sofern sein Geldbeutel prall genug gefüllt ist – die kostbarsten Schätze der Kunst oder andere Werke sammeln und dafür bei Menschen mit kleinerem Portemonnaie Neid und die größte Anerkennung erheischen. Das ist bei seltenen, wertvollen Figuren und Spielzeugen aus dem Ü-Ei nicht anders. Der Preis dafür ist allerdings hoch. Dieses Anhäufen ist ohne Freude, und die hat jeder echte Sammler kostenlos. Aufrichtige Sammler erkennen wir dagegen an ihrer Leidenschaft für die Objekte des Sammelgebiets, die kindliche Begeisterung und naive Neugierde, also daran, dass es ihnen stets um das Sammeln geht und nicht um sekundäre Zwecke, für die das Sammeln nur ein Mittel ist. Bei ihnen ist jede Figur immer noch eine Figur und keine Aktie aus Hartplastik. Diese Sammler sind für die Objekte ihres Sammelgebiets das, was man Liebhaber nennt. Alleine schon der Witzigkeit und Pfiffigkeit der Ü-Ei-Inhalte wegen finden wir unter Ü-Ei-Sammlern viele Liebhaber.

## ...und die Sammler: von Jägern, Forschern und Nostalgikern

Als Händler habe ich es täglich mit den verschiedensten Sammlertypen zu tun. Die meisten Sammler haben von mehreren Typen etwas und sind nicht nur entweder dies oder das. Bei der folgenden, kleinen Sammlertypologie mit Augenzwinkern werden sich viele gleich wiedererkennen – oder die Sammlerkollegen von der Flohmarktfront.

## Jäger

Von montags bis freitags erholt er sich im Büro. Denn samstags und sonntags klingelt der Wecker zwischen 3 und 4 Uhr. Der Flohmarkt ruft; er will der erste sein, und er muss der erste sein. Denn andere Jäger stehen auch früh auf. Seine Beute: Raritäten aus den Grabbelkisten der Unwissenden. Nach zehn Jahren träumt er noch immer von einem Regenkobold für 50 Cent, einem vollständigen Sandokan im Setzkasten, dem Kampfpferd Nero in der Playmobil-Kiste oder anderen Raritäten für kleines Geld. Bis er sie findet, jagt er alle anderen Schätze aus dem Ü-Ei. Natürlich nur zum Schnäppchenpreis! Verkäufer, die mehr als einen Euro für seine Schätze verlangen, sehen ihn die Nase rümpfen. Sein Risiko: Rückenschmerzen. Er bückt sich auch noch mittags um zwei nach der letzten Kiste unter einem Flohmarktstand, um sie zu durchwühlen.

## Kapitalanleger

Zu seinen Ü-Ei-Schätzen hat er die gleiche persönliche Beziehung wie zu Immobilien oder Aktien – nämlich keine. Hauptsache wertvoll, krisenfest und mit hoher Gewinnspanne. Er ist nicht wirklich Sammler, sondern hofft auf Rendite und legt sein Geld in Plastik und Papier an. Und er verkauft die Figuren, Spielzeuge und Beipackzettel wieder, wenn der erlöste Gewinn hoch genug ist. Risiken: Brand, Einbruch – und ein Crash an den Ü-Ei-Börsen. Und Zeitverschwendung, denn Freude hat er beim Sammeln keine. Weil er sich nicht für seine Figuren interessiert, weiß er trotz des Schielens auf Werte auch nach Jahren noch nicht, dass die „Happy Hippo Company" aus dem Jahr 1994 einer der wertvollsten (und, nebenbei, witzigsten) Figurensätze ist.

## Spezialisten

Viele Sammler sammeln alles, was jemals im Ü-Ei war. Die Regale sind bunt und vielfältig bestückt – aber nie vollständig. Einige Sammler wollen mehr, deshalb spezialisieren sie sich. So kann man in einigen Gebieten auch mit überschaubarem Budget eine Sammlung vollständig zusammentragen. Mit lässiger Verachtung ignoriert der Spezialist andere Spezialgebiete. So kennen manche Sammler vielleicht die elfte Variante eines Automodells, können aber Hippos nicht von Pingos unterscheiden.

## Selbstdarsteller

Mein Haus, mein Auto, meine Ü-Ei-Sammlung – der Selbstdarsteller ist ein offener Mensch ohne Geheimnisse. Er mailt Fotos seiner Figuren an jeden Sammler, der nicht danach fragt. Gerne umgibt er sich mit anderen Sammlern – wenn deren Sammlung deutlich weniger wert ist als seine. Sammler, die interessantere Stücke haben als er, findet er arrogant. Ihn interessiert nur Anerkennung, nicht der Wert seiner Figuren. Deshalb verkauft er sie auch (und erzählt jedem, wie viel er dafür bekommen hat), bevor er ein neues Hobby beginnt.

## Liebhaber

Der Gourmet unter den Sammlern: Er sammelt, weil er Freude an den Figuren, Beipackzetteln oder Spielzeugen hat. Er kennt den Wert seiner Sammlung, aber die Faszination steht im Mittelpunkt, und da ist ihm jede Daisy Duck so wertvoll wie eine Hüpf-Schlumpfine. Manche Rarität ziert seine Sammlung. Doch er freut sich immer noch über jeden liegenden Pumuckl, den er auf dem Flohmarkt findet. Er tauscht gerne mit Sammlerkollegen – alleine schon, weil es ihm Spaß macht, mit Gleichgesinnten zu fachsimpeln. Schwankungen an den Ü-Ei-Börsen interessieren ihn nicht – verkaufen würde er seine Sammlung nur im Notfall.

## Fanatiker

Sein größter Konkurrent sind alle – und er hält sich für den größten Konkurrenten aller. Wenn ein Sammler auf dem Flohmarkt in einer Kiste wühlt, greift er ihm kühn über die Schulter, wühlt mit und schiebt ihn zur Seite. Wenn ein Sammler einem Verkäufer drei Euro für eine Figur bietet, dann bietet er fünf. Und auf dem Weg von einem Flohmarkt zum nächsten fährt er mit 70 Sachen durch die 30er Zone, um vor den anderen dort zu sein. 3-2-1-seins.

## Nostalgiker

Geburtstag: irgendwann Ende der 1960er, in den 70er oder Anfang der 80er Jahre. Er ist mit Ü-Eiern aufgewachsen, hat aber auch mit Big Jim gespielt und Städte aus Lego gebaut. Bis die Mutter in seiner Pubertät alles weggeschmissen hat. Heute betreibt der Nostalgiker Archäologie in eigener Sache. Mit großen Augen bestaunt er alte Spielzeuge, die lange vor dem Sammelboom andere Pubertäten wundersam überlebten. Deshalb sammelt er nicht nur alles, was im Ü-Ei war, sondern auch Action-Figuren und manches mehr. Sein großer Traum: eine Zeitreise in die 1970er und 80er Jahre. In seiner Fantasie kauft er dann palettenweise Ü-Eier im Tante-Emma-Laden, verstaut sie luftdicht in Kisten und vergräbt sie – um alles in der Gegenwart wieder auszugraben.

## Forscher

Er ist der Wissenschaftler unter Wissenden, der mit dem Licht in der Dunkelheit des Ü-Ei-Universums – kurz: Er ist der, den jeder braucht, weil sonst niemand die Vielfalt der Ü-Ei-Miniaturen durchblicken würde. Mit seiner bürgerlichen Existenz finanziert er seine Forschungen. Er betrachtet seine Figuren, Fahrzeuge und Spielzeuge nicht – er seziert sie. Jedes Stück hat er mindestens sieben oder acht Mal – natürlich jedes Mal anders. Mit Lupe, UV-Licht, Maßband oder Waage misst, wiegt und vergleicht er seine Ü-Ei-Inhalte: ein anderer Druck hier, eine andere Bemalung dort, mit oder ohne Kennung. Dazu sammelt er alle Informationen über interessante Funde und die Herkunft seiner Stücke. Varianten sind sein Steckenpferd; Fälschungen haben keine Chance bei ihm. Im Gegensatz zu Selbstdarstellern weiß er, wovon er redet. Als Forscher lässt er andere gerne von seinem Wissen profitieren. Ohne ihn wäre das Ü-Ei-Sammeln vielleicht längst Geschichte.

## Altersvorsorger

Ein Kapitalanleger – aber einer, der langfristig denkt und nicht auf schnelle Gewinne aus ist. Deshalb hat er durchaus auch Vergnügen an seiner Ü-Ei-Sammlung. Der Altersvorsorger hebt alles auf, was er auf Dachböden gefunden, auf dem Flohmarkt gekauft oder bei eBay ersteigert hat. Seine Funde stapelt er zentnerweise in Vitrinen, Schränken und Klappkörben, in Plastiktüten oder Sortierkästen. Vom Riestern hat er noch nie gehört. Braucht er auch nicht, denn er ist überzeugt, dass er später mit seinen Ü-Ei-Schätzen noch manche Kreuzfahrt finanzieren kann.

## Schlumpf ist nicht gleich Schlumpf – worauf es ankommt!

Zum Schluss möchte ich noch ein bisschen aus dem Nähkästchen plaudern. Als wäre ich ein 90-jähriger Börsen-Guru, werde ich doch oft gefragt, welche Figuren oder Spielzeuge im Kommen sind und in welche Teilgebiete man investieren sollte. Da ich keine Glaskugel besitze und damit auch herzlich wenig anfangen könnte, kann ich Neugierigen nur einige Ratschläge an die Hand geben, mit denen sie sich diese Frage vielleicht selbst beantworten können. Denn die Antwort hängt von einigen Faktoren ab, die mal mehr, mal weniger ineinandergreifen und das Verhältnis von Angebot und Nachfrage beeinflussen.

## Das Alter

Insgesamt wohl der wichtigste Faktor. Der Sammelboom setzte Anfang der 1990er Jahre ein, und zwar derart gewaltig, dass Flohmärkte, Keller und Dachböden schnell leer gefischt waren. Das Thema Ü-Ei war regelmäßig in den Medien, die Zahl der Sammler stieg in den 90er Jahren rasant an. Die Folge: Niemand entsorgte mehr leichtfertig seine gerade aus dem Ei geschüttelten Figuren im Gelben Sack, sondern bewahrte alles fein säuberlich auf. Man hatte ja mal gehört, dass das durchaus etwas wert sei.

*Der „Eierlauf-Schlumpf" von 1983, rechts im Bild, ist etwa tausendmal soviel wert wie sein Kollege aus dem Jahr 2008.*

Allerdings dachten wohl viele, dass sie die Einzigen wären, die so umsichtig mit ihren Schätzen umgingen. In Wirklichkeit waren es aber viele hunderttausende Menschen, die dann vor allem etwa ab dem Jahr 2000 ihre vermeintlichen Schätze auf den Markt brachten – oft über Auktionshäuser im Internet und in der Summe weit mehr, als der Markt jemals zu einem guten Preis hätte aufnehmen können. In den 1970er und 1980er Jahren waren die Voraussetzungen noch ganz andere. Niemand hätte nur im Ansatz geglaubt, dass Schlümpfe oder Pumuckl-Figuren unter Sammlern jemals gehandelt werden würden. Oft wurden die Figuren beim Aufräumen eines Jugendzimmers achtlos in den Müll entsorgt. Und viele Kleinteile landeten im Staubsauger. Seit Anfang der 90er Jahre war es gerade umgekehrt. Und so kann man heute sagen: Figuren und Spielzeuge ab ca. 1992 haben, mit einigen Ausnahmen, einen eher geringen Sammlerwert.

## Die Häufigkeit

Nicht alle alten Stücke aus den 70er Jahren haben automatisch einen hohen Sammlerwert. Anfangs wurden viele Spielzeuge und Figuren von Ferrero in großen Mengen in Asien eingekauft. Sie wurden auch nicht nur im Überraschungs-Ei vertrieben, sondern ebenso im Spielzeughandel oder mit anderen Produkten als Beigaben. Alter alleine macht eine Figur also nicht wertvoll, wenn sie damals schon in großen Stückzahlen vertrieben wurde. Da der Absatz der Überraschungs-Eier in den 90er Jahren enorm stieg, ist es nicht verwunderlich, dass die Verbreitung der Spielzeuge mit der Zeit stetig zunahm und neuere Objekte generell häufiger sind als ältere.

## Vollständigkeit und Erhaltung

Viele ältere Objekte sind auch deshalb seltener, weil mit den Jahren Zubehörteile abhandengekommen sind. So ist ein Stelzenschlumpf aus dem Jahre 1983 einige hundert Euro wert – wenn seine Stelzen noch vorhanden sind. Fehlen die beiden Stelzen, reduziert sich der Wert auf maximal 10 Euro, und auch das nur, wenn die Figur in einem makellosen Zustand ist. Mit sichtbaren Lackmängeln bringt diese Figur kaum mehr als 1 bis 2 Euro. Auch bei den filigran gebauten Spielzeugen fehlen häufig Teile, wodurch sich der

Sammlerwert deutlich reduziert. Oder es wurde Klebstoff für den besseren Halt angebracht. Fast jedes Objekt hat seine spezielle Schwachstelle, an der oft etwas fehlt, abbricht oder Klebstoff eingesetzt wurde. Vorteil beim Spielzeug: Aus zwei unvollständigen, identischen Stücken lässt sich mit etwas Glück wieder ein komplettes Spielzeug zusammensetzen. Ein guter Allgemeinzustand und die Vollständigkeit prägen den Wert also maßgeblich.

## Varianten und Zufälligkeiten

Manchmal macht der kleine Unterschied den Preis: Eine eigentlich geringwertige Figur kann durch einen fehlenden Pinselstrich für Sammler interessant werden. Viele Sammler haben sich auf abweichende Bemalungen, Produktionen in anderen Farben, Farbnuancen, Formen und sogar Produktionsmängel spezialisiert. Ein Schlumpf, der eigentlich nur ein paar Euro wert ist, kann manchmal drei- oder vierstellige Beträge bringen – wenn der Blauton deutlich heller oder dunkler ist als die gewöhnliche Serienfigur. Entsprechend selten sind solche Figuren allerdings auch. Bei anderen Figuren und auch Spielzeugen gilt ähnliches: je deutlicher die Abweichung, desto interessanter für die Sammler!

## Popularität

Ein Spielzeug kann noch so alt, selten und gut erhalten sein – trotzdem kann es sein, dass sich kaum jemand dafür interessiert. Die Gründe können unterschiedlich sein. Bei Figuren sind grundsätzlich Serien mit Bezug zu Filmen, Serien oder Comics beliebter, weil sie zusätzlich von Menschen gesammelt werden, die ansonsten keine Ü-Ei-Sammler sind. Sie fühlen sich einfach durch diese Charaktere angesprochen, da sie den Film gesehen oder den Comic in ihrer Kindheit gelesen haben. Bei den Spielzeugen wiederum ist die Optik wichtig. Viele Spielzeuge seit etwa 1990 sind nicht mehr so detailreich gearbeitet wie Modelle aus den 80er Jahren. Alte Spielzeuge aus den 70er und 80er Jahren waren oft eher „Modelle“ als Spielzeuge; sie sind entsprechend fragiler, nostalgisch und daher einfach netter anzuschauen.

*Extrem selten und unglaublich fragil, aber bei Weitem nicht so hochpreisig wie manch anderes Sammlerstück. Die „Dschunke“ ist nur ein Schiff, und Schiffe sammeln eben die wenigsten.*

## Originalität

Natürlich müssen jede Figur und jedes Spielzeug original aus einem Ü-Ei von Ferrero sein, damit sie für Ü-Ei-Sammler sammelwürdig sind. Fälschungen und Repliken sind wertlos und stehen allenfalls als Lückenfüller in einer seriös geführten Sammlung.

*Original muss es für den wahren Sammler schon sein: „Der Schüchterne" Schlumpf, links original, rechts mit gefälschtem Strauß.*

## Interview mit Ferrero

Guten Tag, Herr Grünewald,

herzlichen Dank, dass Sie sich im Namen von Ferrero die Zeit für dieses Interview nehmen. Sie sind als studierter Produktdesigner bereits seit 1996 im Unternehmen und als Chefentwickler für Kinder Überraschung zusammen mit Ihrem Team maßgeblich zuständig für die Entwicklung der Figuren und Spielzeuge, die wir weltweit in den Kapseln und auch im Kinder Joy finden dürfen. Dass Sie mir heute Rede und Antwort stehen, ist eine große Ehre für mich, die Sammlerinnen und Sammler werden sich sehr darüber freuen.

Der Anlass für unser Gespräch ist feierlich: 2024 wird die Kinder Überraschung 50 Jahre alt. Was plant Ferrero zum 50. Geburtstag? Die Sammler hoffen natürlich auf etwas Besonderes, eine Veranstaltung oder eine besondere Serie, wie es sie auch zum 40. Jubiläum gab.

> Es ist noch zu früh, hier konkrete Pläne zu präsentieren. Die Planung läuft, und es wird etwas geben, allerdings werden wir zum Jubiläum diesmal etwas zurückhaltender sein als in der Vergangenheit.

In den 1970er und 80er Jahren war das Ü-Ei ein reines Kinderspielzeug, ein Mitbringsel, von Schokolade umhüllt. Erst in den frühen 1990er Jahren avancierte es zum beliebten Sammel- und Kultobjekt. Wie hat Ferrero den Sammelboom intern wahrgenommen? Was hat Ferrero getan, um den Boom zu fördern?

> Die Kinder Überraschung war immer dafür gedacht, Kindern eine kleine Freude zu machen. Dabei haben wir uns immer am jeweiligen Zeitgeist orientiert und besonderen Wert auf hohe Qualität gelegt. Es war eine wunderbare Bestätigung zu sehen, wie auch Sammler ihre Begeisterung für unsere kleinen Objekte entdeckten. Dennoch sind wir unserer Grundidee immer treu geblieben und haben nie Konzepte entwickelt, die dieses Phänomen verstärken sollten.

*Uwe Grünewald (links), Chef-Entwickler bei Ferrero für das Ü-Ei weltweit, und André Feiler vor Schautafeln des Ferrero-Archivs*

Und vielleicht liegt gerade darin der Grund für den „Kult". Denn er ist ungeplant entstanden, hat sich aus der Sammler-Gemeinschaft selbst entwickelt – ganz natürlich. Dieses Echte und Authentische macht das Besondere dieser Begeisterung aus.

Jede künstliche Förderung der Sammel-Freude hätte nur dieses natürliche Element geschwächt. Umso mehr macht es uns stolz, wie sehr die Sammler den kleinen Figuren und Spielzeugen treu geblieben sind.

In 50 Jahren verändert sich viel und sicherlich auch das Kaufverhalten der Kinder und erwachsenen Kunden. Wie hat Ferrero es geschafft, das Ü-Ei über solch einen langen Zeitraum populär zu halten und sich dabei auch gegen Nachahmer zu behaupten?

> Das Original hat immer einen besonderen Stellenwert – bei allem im Leben. Wichtig ist, ein Original kontinuierlich weiterzuentwickeln und sich dem Zeitgeist anzupassen, ohne dabei die grundlegende DNA – die ursprüngliche Idee – aus den Augen zu verlieren. Als Original muss man sich selbst treu bleiben, dann bleiben auch die Kunden treu.

Viele Sammler wünschen sich seit langer Zeit ein Museum, das den vielen Ferrero-Produkten und natürlich besonders dem Überraschungs-Ei huldigt. Welche Überlegungen oder gar Pläne hat Ferrero dafür?

> Konkrete Pläne für ein Ü-Ei-Museum gibt es zurzeit nicht. Aber so viel kann ich sagen: Nicht nur die Sammler würden sich über ein solches Museum freuen, auch unter unseren Kolleginnen und Kollegen gibt es viele, die diesen Wunsch hegen – und ich gebe zu, dass auch ich selbst dazu gehöre.

Vor allem um die erste Zeit in den 1970er Jahren ranken sich manche Rätsel: Was war im Ü-Ei, was nicht, woher kam es? Wie dokumentiert Ferrero sämtliche Figuren und Spielzeuge aus dem Ü-Ei seit 1974?

Auch wenn wir sehr zurückhaltend sind, wenn es um die Veröffentlichung solcher Dokumentationen geht, wissen wir, welche Serien und Spielzeuge in welchem Jahr in den Überraschungseiern enthalten waren. Am Ursprungsort von Ferrero, im italienischen Alba, sind diese Informationen ebenso wie hier in Frankfurt dokumentiert. Unsere Diskretion weckt vielleicht den einen oder anderen Mythos, aber unser internes Archiv ist unspektakulärer, als manch einer vielleicht denkt.

Wann wird es das nostalgische Ü-Ei mit Retro-Inhalten für Erwachsene geben? Oder habe ich Sie damit gerade auf eine Idee gebracht?

Wie bereits betont, ist es uns enorm wichtig, unserem Ursprung und unserer Zielgruppe treu zu bleiben. Das schließt Nostalgie nicht kategorisch aus, darum nehme ich Ihre Idee gerne mit – wer weiß: Vielleicht können wir ja auch hier in Zukunft überraschen.

Von der Idee bis zum Verkauf im Laden – wie ist der Werdegang eines Spielzeugs im Ü-Ei?

Natürlich möchten wir unser Sortiment vielfältig und überraschend gestalten, um möglichst vielen Menschen eine Freude zu bereiten. Gemeinsam mit dem Marketing werden grundsätzliche Entscheidungen zu Themen getroffen. Dabei geht es sowohl um aktuelle Spielphänomene als auch um „Evergreens". Nicht zu vergessen, die Entwicklung der Serien, die z.B. zu Saisonstart oder speziellen Anlässen (Ostern, Weihnachten, …) gestaltet werden. Dann werden die Ideen zu Papier gebracht und gegebenenfalls verfeinert. Steht das Design, kann es mit dem Modellbau los gehen. Das wird heutzutage alles digital, mit CAD-Systemen gemacht. Das fertige Modell wird dann im 3D-Drucker ausgedruckt. Nun haben wir es das erste Mal in den Händen und können schauen, ob es so wirkt und funktioniert, wie gedacht. Ganz wichtig ist die Frage: Passt alles in die Kapsel oder Kinder Joy. Ist das Grundsätzliche geklärt, werden alle relevanten Sicherheitschecks durchgeführt. Gerade weil es sich um Kleinteile handelt und auch noch Lebensmittel – die Schokolade – im Umfeld sind, hat dies absolute Priorität. Im Laufe der Zeit hat Ferrero sehr strenge Sicherheitschecks etabliert, die über die gesetzlichen Vorgaben weit hinaus gehen. Unser Ziel ist es, ein Produkt zu entwickeln, das für Kinder und unsere Fans interessant ist, einen Spieleffekt hat und bestmögliche Sicherheit bietet.

Hat das Modell alle Checks bestanden und ist so geworden, wie wir uns das vorgesellt hatten, geht es in Produktion. Natürlich werden auch in dieser Phase immer wieder Checks bezüglich Sicherheit und Funktion durchgeführt. Handelt es sich um eine Lizenzserie, ist auch noch der Lizenzgeber involviert. Er genehmigt die finale Erscheinung seiner Lizenz. Einmal produziert und in der Kapsel (oder im Kinder Joy), kommt es zur Schokoladenfabrik und schließlich wird es zum „Ü-Ei“ oder Kinder Joy.

Viele erfolgreiche Figurenserien waren Lizenzserien, etwa die Schlümpfe, Pumuckl oder Disney-Serien. Von wem kommt der Impuls für solche Serien? Gehen Sie auf die Lizenzgeber zu, oder schlagen Disney & Co. den Verantwortlichen bei Ferrero Figurenserien für die Ü-Eier vor?

Die Ideen kommen immer von uns. Wie schon angesprochen, versuchen wir Serien zu entwickeln oder mit Lizenzen zu arbeiten, die aktuell sind und eine spannende Umsetzung ermöglichen. Natürlich muss das auch vom Timing passen, denn die Produktion der Spielzeuge, die ja auch noch „ins Ei“ müssen, erfordert einigen Vorlauf.

*Die Verwendung lizensierter Serien war für Ferrero immer ein wichtiges Thema. Das Bild zeigt stellvertretend Lizenz-Figuren aus sechs Jahrzehnten, von den 1970er bis zu den 2020er Jahren.*

In den letzten Jahren fällt den Sammlern auf, dass sich Figurenserien häufig wiederholen. Es gab mehrfach Serien zu Mascha und der Bär, Miraculous, Marvel Avengers oder den Schlümpfen. Warum sind einige Lizenzen immer wieder im Ei zu finden?

> Manche Serien und Charaktere sind bei unserer Zielgruppe dauerhaft so begehrt und attraktiv, dass wir dieser Begeisterung Rechnung tragen. Hinzu kommt, dass viele dieser Charaktere auch wunderbar zu unserer Philosophie passen. Es geht um Freude, Begeisterung und Überraschungseffekte. Darum sind solche wiederkehrenden Themen durchaus Teil des Konzepts.

Wie erfährt die Ideenschmiede bei Ferrero davon, was bei Kindern im Trend liegt, sowohl bei den beworbenen Figurenserien als auch bei den anderen Spielzeugen? Welche länderspezifischen Unterschiede gibt es?

> Wir beobachten die Medienwelt unserer Zielgruppe genau und analysieren Trends in allen Märkten, in denen wir vertreten sind. Außerdem sind viele unserer Kolleginnen und Kollegen selbst Eltern – das darf man nicht unterschätzen.
>
> Nicht zuletzt durch das Internet nähern sich die Geschmäcker in unterschiedlichen Ländern immer mehr an. Das gilt besonders für die großen Serien von Disney oder z.B. die Minions. Daher sind die länderspezifischen Unterschiede gar nicht mehr so groß. Zwei Beispiele: Für Kinder Joy in den USA haben wir eine Serie mit NBA Maskottchen entwickelt. Dann gibt es noch Mini-Serien, z.B. zum chinesischen Neujahr, die es nur in der entsprechenden Region gibt.

Nicht nur $CO_2$, auch Plastik gerät zunehmend in Verruf. Welche Ideen hat Ferrero, das Ü-Ei in der Zukunft nachhaltiger zu machen? Vielleicht die Kapsel aus Pappe, Papier statt Stanniol, Figuren aus Bambus?

Nachhaltigkeit ist bei unseren Spielzeugen ein extrem wichtiges Thema, aber nicht nur hier. Es beeinflusst alle Entscheidungen bei Ferrero weltweit. Es gibt inzwischen keinen Bereich mehr, bei dem Nachhaltigkeits-Themen nicht berücksichtigt werden. Unser Sustainability Management steht dabei an vier Säulen: Dem Schutz der Umwelt, dem verantwortungsvollen Konsum, der nachhaltigen Beschaffung und der Befähigung von Menschen weltweit. Auf unserer Nachhaltigkeits-Webseite www.ferrerosustainability.com kann sich jeder einen Überblick über unsere Bemühungen verschaffen.

*Nachhaltigkeit ist für Ferrero eines der wichtigsten Themen, wenn es um die Produktion geht. So auch im Werk im hessischen Stadtallendorf. (Bildquelle: Ferrero)*

Beim Ü-Ei reden fast alle Sammler nur über das, was drin ist. Was ist mit dem Drumherum? Auf welche Geschmacksrichtungen bei der Schokolade dürfen wir in den nächsten 50 Jahren hoffen?

> Natürlich möchten wir den Geschmack der Kinder und junggebliebenen Erwachsenen treffen und uns treu bleiben. Aber auch hier haben wir „unser Ohr" am Markt. So gibt es etwa das große Ü-Ei, Kinder Gran Sorpresa, auch mit dunkler Schokolade (nur in Italien). Aber auf Ihre Frage, wie wir uns hier weiterentwickeln werden, kann ich nur antworten: Lasst Euch überraschen!

Das Interview führte André Feiler.

## Danksagung

Am Ende möchte ich mich bedanken bei allen, die mit ihrer Mitarbeit dieses Buch ermöglicht haben.

Zu allererst möchte ich dem Konzern Danke sagen, auf dem alles basiert. Ohne Ferrero keine weltweite Sammelleidenschaft und eine andere „Berufung“ für mich. Vielen Dank für die Einladung nach Frankfurt, die tolle Besichtigung und das aufschlussreiche Interview mit Uwe Grünewald.

Ich danke meiner Frau Katharina für den regen Austausch rund um dieses Buch. Deine weibliche Sichtweise für die inhaltliche und auch sprachliche Komponente ist bei solchen Projekten einfach unerlässlich.

Ein großer Dank gehört Axel und Gina Schlote. In Deiner Funktion als Lektor und Ideengeber bist Du, Axel, für ein Buch wie dieses enorm wichtig. Die Karikaturen von Gina – zuerst nur eine fixe Idee von mir – sind einfach genial geworden.

Dich in dieses Buchprojekt einzubinden, Emily, war für uns beide Neuland. Du warst natürlich nicht vertraut mit redaktioneller Arbeit, und so habe ich Dir in einigen Video-Meetings die für Dich wichtigen Dinge beigebracht.

Mir hat das großen Spaß bereitet, und wie Du Deinen Teil zu diesem Buch neben Schule, Reiten, Fahrschule und Erwachsenwerden beigetragen und mir damit den Rücken freigehalten hast, war eine tolle Leistung. Vielen Dank für Deine großartige Zuarbeit!

Dir, Boris, danke ich für Deine Expertise. Viele Informationen in diesem Buch basieren auf Deinem Wissen, aber auch Deinem Austausch mit ehemaligen Designern von und Zulieferern für Ferrero. Durch die Diskussion der nicht immer eindeutigen Faktenlage konnte so mancher Fehler im Vorfeld vermieden werden.

Ich danke André Roche für seinen gelungenen Gruß an alle Sammler in diesem Buch. Ohne Sie hätte sich die Begeisterung für das Sammeln von Überraschungs-Eiern in den 1990er Jahren nicht in diese Höhen geschraubt, da bin ich sicher.

Ich danke Nathalie Rougelot und Ralf Grimm, dass Ihr uns mit den geführten Interviews einen Einblick in Eure ganz persönliche Sammlerwelt und Sicht der Dinge auf das Überraschungs-Ei gewährt habt.

Peter Schuster und Denis Walecki danke ich für das Beisteuern diverser Bilder, durch die das Buch einfach vielfältiger werden konnte.

Einen großen Dank an Heidi Dumbleton aus dem schönen Cornwall in Südengland für die Kontrolle der englischen Übersetzung. Wir waren besser als erwartet.

Und um dem ganzen einen würdigen Rahmen zu verleihen, bedurfte es wie immer der Fähigkeiten von Rico Steger. Nur mit Deinen Ideen für die Gestaltung und die Vorbereitung für den Druck lässt sich ein solches Buch in die Tat umsetzen.

Abschließend geht ein großes Dankeschön an alle, die mich in über 25 Jahren auf meinem Weg begleitet und damit die Grundlage für dieses Buch geschaffen haben!

# 50 years of Kinder Surprise

## 1974 - 2024

## A toy becomes a collector's item

**André Feiler**


Kästnerstr. 4
D-28279 Bremen

Phone.: +49 (0)421 95 93 145

Mail: kontakt@feiler-verlag.de
Web: www.feiler-verlag.de

Cover-Images: Adobe Stock - Hen and Egg, Empty wooden table with party in garden background blurred.

Printed in Lithuania by UAB BALTO print, 08217 Vilnius

1st edition

## TABLE OF CONTENTS

# The editorial staff

André and Katharina Feiler (Bremen)

Born in Bremen, Germany, André Feiler is well known to collectors as the publisher of the O-Ei-A price guides and as a dealer and organiser of collectors' fairs. With over 25 years of experience in this collecting field, he is responsible for the texts, interviews and pictures in this book. The lively exchange and support of his wife Katharina are an important support.

Dr. Axel and Gina Schlote (Osnabrück)

The exchange with Axel Schlote - collector, book author and former speechwriter for the Bundestag - both as an advisor but also as an editor, has been indispensable in many previous book projects about collecting. The caricatures of the different types of collectors at the end of this book are the ingenious work of his wife Gina.

Emily (Flensburg)

The Feiler family got to know the prospective high school graduate on holiday in 2022. Due to her open, communicative nature and her determined way of working, she qualified for various tasks within this project. For example, she took care of typesetting the texts and photos and was heavily involved in editing the translation into English.

Boris Müller (Walsrode)

For more than two decades, he has been the undisputed luminary in the collecting scene. One cannot do without his knowledge in the preparatory work for this book. His spirit of research and his almost scientific treatment of many topics related to Kinder Surprise flowed into this book.

Rico Steger (Chemnitz)

Since 2009, the media designer has been responsible for the layout of all media published by Feiler Verlag, including this book. His handwriting always gives the books a clear structure with a high recognition value. Without his know-how in all technical matters it would not work, thank you for your years of cooperation!

## Cheers to 50 years!

Dear readers,

Dear children and children-at-heart,

In 2024, the legendary Ferrero Kinder Surprise will be 50 years old! Reason enough to celebrate. On this occasion, we also want to look back at the history of the jubilarian and review the highlights of half a century. How did it all begin? Why did this little product made of chocolate and plastic become a worldwide box office hit and why has it remained so to this day? The passion for collecting has become a global phenomenon. Today, people collect and hoard not only in Germany and Europe, but also throughout the American continent, in many Asian countries and also in Australia and New Zealand.

That was not always the case. It was not like this in the past. Initially, in the first 15 years, the Kinder Surprise was primarily just what it was supposed to be: a sweet for children with a toy surprise in. Collectors largely ignored this phenomenon. But then, at the beginning of the 90s, everything happened very quickly: a veritable boom swept over Germany at that time; there was hardly anyone who was not infected with the collecting virus. Kinder Surprises were pushed out of the supermarket by pallets, the vegetable scales were blocked for hours for weighing individual eggs („The hippo must weigh 31.2 g, I think I have one!").

Born in 1980, I first came into contact with collecting Kinder Surprises in 1997. At that time, I had hawked the treasures of my childhood for a few German marks at the flea market a long time before. And then, in my prime teenage years, I was standing at flea markets on weekends: In winter at minus five degrees, at six o'clock in the morning, with watery eyes and shaky hands - for a few plastic figures? Why did I even make the figure trade my profession after graduating as a geologist, despite justified scepticism from those around me? Why did I found a publishing house in 2010 that can now publish this book? And how reckless do you have to be wanting to look after an entire family by selling Kinder Surprises?

I have rarely questioned all this, because I am convinced of it to this day.

Memories of a 50-year success story are only one half, however. The other, still unwritten half of the story lies in the future. Where does the cult egg stand today? What future does the sweetened toy have in the digital world? And what will the collector scene look like in ten years?

These and other questions I try to answer in this book, with a large dash of nostalgia and a pinch of foresight.

I am pleased to be able to tell you this exciting story.

Yours

André Feiler

## In the beginning there was...

... not the egg!

But a small confectionery in Italy that was to become the nucleus of an empire. Pietro Ferrero (1898-1949) opened his confectionery in the 1940s in the small town of Alba in the north-western Italian region of Piedmont. Thanks to its rapid success, the confectionery shop became a small factory in 1946. Thanks to the ingenuity of founder Pietro Ferrero and his son Michele (1925-2015), this factory grew steadily. And so, in 1956, Ferrero also opened his first factory in Germany, in the small Hessian town of Stadtallendorf, where Ferrero still produces today. In the early years, the company still resided there under the company name Assia (Italian for German state Hesse).

*The idea of a scrapbook was not new, such albums had been published since 1890.*

Very early on, Ferrero worked with promotional giveaways in the form of collectible pictures and tokens that could then be exchanged for toys. And it is here that the first Ferrero collectible figures appeared.

Under the title „Caccia Grossa" (Big Game Hunting) there was not only an exciting scrapbook around 1955, but also animal figures could be exchanged for the tokens. These have the Ferrero identification under the base and are considered today to be the first Ferrero figurines. Of course, they are much bigger than the small figures that could be found in the Kinder Surprises 20 years later. And yet you can already sense the beginnings of the Kinder Surprise principle in these figures.

*The stately forerunners of the later Kinder Surprise figures.*

In the following decades, Ferrero repeatedly combined the actual product with extras that were intended to appeal to children's curiosity and ultimately entice them to buy the product. Many people may still be familiar with the flat foam figures and other toys made from the Nutella lids, which can also be seen as the forerunner of the Kinder Surprise idea. They came onto the market around 1971.

Who exactly at Ferrero had the idea for a chocolate egg with a surprise inside can no longer be clearly determined today. William Salice (1933-2016), who was responsible for product development in the early 1970s, is often mentioned

*Disney characters adorned these first Nutella foam figures from 1971.*

in this context. Salice was of the opinion that he had only successfully implemented the Kinder Surprise idea. Michele Ferrero is said to have had the actual brainwave.

Several decades earlier, margarine and tobacco companies had the idea of making the purchase of their goods more interesting by adding collectible figures or pictures. Ferrero perfected the idea and created a product where the addition became at least as interesting for the buyer as the chocolate was.

This idea was so successfully implemented that 50 years later it is still one of the best-known products from Ferrero. In the meantime, it can be assumed that quite a few children from the 1970s who grew up with the Kinder Surprise are now parents or grandparents themselves - and regularly delight their offspring with Kinder Surprise.

## The first treasures from the egg

„Mummy, Mummy! Will you bring us something? Something exciting, and something to play with.... and chocolate!" - „But that's three wishes at once, that's really not possible!". This typical slogan, which probably takes many of us back to our childhood, was first used in the TV advertising in Germany around 1985. Nevertheless, it is emblematic of the many formative advertising campaigns that have made the Kinder Surprise famous over the years.

In the beginning, in their own advertising, Ferrero still called the Kinder Surprise „hollow eggs". Inside the hollow chocolate egg was a two-part, usually yellow plastic capsule containing the coveted object. In Italy, these eggs were probably even sold for the first time as early as 1972 or 1973, but definitely in Germany as early as 1974. Therefore, this year is considered the birth year of the Kinder surprises.

In the first few years, the surprises in the small capsules mostly did not come from Ferrero itself. The company had purchased the figures and toys cheaply in large quantities from other

*Even in the early years, real little books or flip-books were hidden in Kinder Surprise capsules.*

manufacturers, including from Asia, but also from Europe and even Germany. Also known are companies that did not primarily earn their money with the production of small toys, such as Multiplex or the children's book publisher Hofmann.

Other manufacturers, such as the Italian companies Maraja or Ilmap, on the other hand, specialised in exactly the toy format they were looking for.

So Ferrero wrote to various companies, enclosed an egg capsule and asked for suggestions for contents that were suitable in size and creative at the same time. The calculation was as tough then as it is now: a purchase price of about 7 pfennigs was not to be exceeded - no one had any idea of the later success.

*Some toys from 1976. Little Asterix is part of the first series of figures made of hard plastic that could be found in Kinder Surprise.*

In addition to jewellery such as rings and necklaces, figures that could be put together, toys and vehicles as well as soldiers made of metal, the first figures made of hard plastic were found in the capsules as early as 1976; however, such figures were not to trigger a real collecting boom until a decade and a half later. In the beginning, most of the toys were still self-explanatory, so that the later typical instruction leaflet was dispensed with - not least for reasons of cost.

The first wrappers were blue in colour and, appropriately, appeared at Easter with a bunny as the motif. Ferrero probably expected a purely seasonal business. However, the design with the red milk wave on a white background, which is still typical today, followed a short time later. Incidentally, this wave is strictly protected by Ferrero under trademark law. No wonder, because it can be found on countless products of the brand.

*In the first season, Kinder Surprise was still packaged in blue. But the typical red and white design followed just one year later.*

The capsules were actually filled at home during this time; this remained for a long time until the late 1980s. Later I had the opportunity to meet such people several times. Many who applied for this work had large quantities of toys and capsules delivered to their homes, with the sole task of transporting one into the other.

The toys that were found in Kinder Surprises in the early years from 1974 to about 1978 have one thing in common that often creates uncertainty among today's collectors: they were not only found in the Kinder Surprise. But that is exactly what many collectors would like to have; exclusivity is particularly important in this field of collecting. In the early days of Kinder Surprises, Ferrero was just one of many customers of the supplier companies. In addition to Ferrero, companies for filling chewing gum machines and wonder bags, souvenir shops or the normal toy trade were also supplied. For many collector's items that were not only, but also in Kinder Surprise, it is therefore loosely said after Shakespeare, „Egg or no egg, that is the question!" For many collectors, it often plays an ideal role that every figure in the collection originally saw the inside of an egg capsule.

For many of the first figures produced for the Kinder Surprises or purchased by Ferrero, well-known models from the toy trade were imitated. Companies like Bully, Schleich, Elastolin or Britains Deetail were imitated as well as rather unknown manufacturers of porcelain figures. A particular annoyance arose for the Wiking company, probably the best-known manufacturer of true-to-scale miniature models of vehicles. Cosmo, a company that no longer exists today, supplied Ferrero with neatly made but not legitimate imitations of several dozen Wiking models from 1976 onwards. These were a little smaller, but confusingly similar. However, nothing has come to light about any legal disputes between the companies.

*Examples of first figures and vehicles from Kinder Surprise - and their models from the toy trade.*

## From the idea to the strategy

In the beginning, the selection of the Kinder Surprise content was almost arbitrary: the main thing was that it fit! Soon, however, the basic idea became a strategy that became more and more sophisticated over the years and decades. As a first step, Ferrero launched the era of hard plastic figures in Germany in 1976, which later became a major sales driver. Ferrero commissioned well-known German toy figure manufacturers such as Heimo and Schleich to bring figures from well-known Disney films into the egg in low-priced versions. Among them were series like Mickey Mouse and Donald Duck, Robin Hood, Bernard and Bianca and Snow White (however, only the Seven Dwarfs found their way into the egg). Somewhat piquant: the painting of these first figure series was done by prison inmates. The assortment was supplemented by various series on other themes: In addition to soldiers, Egyptians and pirates, there were also forest animals, dogs and dinosaurs in the yellow capsules.

*Ferrero mostly stuck to well-known classics of popular children's films with its first figures.*

So far, so good. But Ferrero did not seem to recognise the special appeal of these series at the time. The figures were not advertised as a priority, although from the beginning the advertising was really massive and international on television, in magazines and with the help of posters. The various toys for handicrafts played at least as big a role. Also, each figure was only accompanied by a small, uniform instruction leaflet with the German inscription „Handbemalte Figur – Viel Spaß damit" which means „Hand-painted figure - Have fun with it". Any indication that there were other figures in this series: Missing!

Ferrero provided a really considerable advertising budget, which did not fail to make an impact. The Kinder Surprise quickly rose to become a sales driver in Germany, alongside established classics such as Mon Chéri (since 1957), Hanuta (since 1959), Duplo (since 1964), Nutella (since 1965) or Ferrero Küsschen (since 1966). Especially as a small, inexpensive souvenir with the oft-cited mixture of excitement, play and chocolate, it became widely accepted as early as the 1970s.

*The first leaflets were still very simple.*

To this day, Ferrero relies on so-called „test markets". This is a common concept in the food industry to subject new products to a baptism of fire in all marketing-relevant questions on a small scale.

Kinder SURPRISE
Le chocol
Kinder SURPRISE le chocolat des enfants
chocolat avec une surprise
chaque fois différente!
Dans Kinder Surprise,
il y a plus de lait et moins de cacao.
N'oublie pas de le dire
à ta maman.
Kinder Surprise,
100 nouvelles surprises
plus belles que jamais.
Kinder SURPRISE
Wie Vati einstimmig
Mann des Tages gewählt w
elles sont arrivées
s nouvelles surprises...
Des surprises fantastiques
de plus en plus belles
et passionnantes.
Mais Kinder Surprise
c'est toujours du bon chocolat
avec plus de lait
et moins de cacao.
per i momenti in cui li ami più del
Vi sono momenti in cui i bambini
sono meravigliosi senza saperlo
e senza aspettarsi niente in cambio.
Sono questi i momenti per Kinder Sorpresa:
un dolce premio preparato
con lo speciale cioccolato Kinder
con più latte e meno cacao.
E dentro ciascuno c'è una sorpresa
divertente ed istruttiva.
Kinder SORPRESA
Hai vis
+ LATTE
– CACAO
Kinder
SORPRESA
Le cho
Plus
QUI SAIT CE QU'IL Y A DANS KINDER SURPRISE?
JE TROUVERAI PEUT-ÊTRE UNE DÉPANNEUSE SI JAMAIS LA VOITURE TOMBAIT EN PANNE
OU BIEN UN PETIT CHIEN QUI POURRAIT M'ACCOMPAGNER DANS MES PROMENADES
C'EST PEUT-ÊTRE AUSSI UNE POUPÉE, UNE LOCOMOTIVE,
UN PORTE-AVIONS, UNE VOITURE DE POMPIERS,
UN BATEAU DE PIRATES, UNE VOITURE DE COURSE, UN BRACELET...
100 NOUVELLES SURPRISES
PLUS BELLES QUE JAMAIS.
Kinder SURPRISE
scopri
un mondo
di sorprese!
Kinder CIOCCOLATO SORPRESA
WEL 100 VERRAS
VOOR WEL
100 AVONTUREN.

plus belles que jamais.
ÜBERRASCHUNG
Kinder
+ LAIT
- CACAO
SURPRISE
ALLEZ-Y!
ATTRAPEZ LES NOUVEAUX
KINDER SURPRISE...
scopri un mondo
di sorprese!
+ LATTE
- CACAO
Kinder
CIOCCOLATTE
SORPRESA
con 180
sorprese!
der è anche un ovetto
SORPRESE
RAGAZZI!
Speelsurprises in smulchocolade
+ MELK
- CACAO
Kinder
SURPRISE
Met Kindersurprise
op schattenjacht.
100 SURPRISES
POUR 100 AVENTURES
DIFFERENTES

## Design and own production - prelude with the play worlds

Ferrero had been looking for designers since 1974 so that it could quickly start its own production. The product designers were given the task of conceiving various toys and figures and grouping them together thematically. Between 1978 and 1983, about 150 different objects appeared, which are known to collectors as „play worlds" today. At that time, for example, satellites and astronauts flew through children's rooms in rockets and space transporters and experienced „adventures in space"; the black knight Roland fought Kunibert, the „knight without

*Measured against the available budget, the first toys from the play worlds are true masterpieces of product design.*

fear and blame", to impress damsel Kunigunde at the „The Knight's Feast of Freudenberg"; „The harbour, the gateway to the world" was the creative playground for every bathtub captain with numerous ships, sailors and cranes; and in „Westernland" cowboys and Indians lived peacefully together with carriages, houses and wigwams. For each of the play worlds, two cardboard construction sheets were published and sold for 30 pfennigs.

Today, trade prices in the four-digit range for objects from the play worlds are not uncommon. For many collectors, the coveted toys and construction sheets are the supreme discipline. They are characterised by a special degree of creativity and playfulness. Some objects are many times larger than the egg capsule from which the individual parts have sprung. The „Golden Tower" from the play world „The Knight's Feast of Freudenberg", for example, is over 30 centimetres high. The capsule, which was even built into the tower, was only four and a half centimetres high when it was closed. The conically shaped elements of the tower base, windows

*„Der Goldene Turm" from the play world „Das Ritterfest von Freudenberg". Rarely has the capsule been utilised as well as it has been here.*

made of cardboard and a thin flagpole made this possible. Simply ingenious, isn't it?

*Once again „Der Goldene Turm", but before it was ready for series production as a prototype.*

This applies not only to the objects themselves, but also to the instruction leaflets that were specially produced for the first time. With small atmospheric texts, one was beamed into outer space or found oneself in one's mind's eye on a container ship in the port of Hamburg. Undoubtedly, this era is an early moment of glory in the fifty-year history of Kinder Surprises.

From the late 1970s onwards, planned and conceived Kinder Surprise content was the foundation of the strategy. In particular, the industrial designers Koch, Havranek, Bermes and the Swiss Heinrich Roth provided dozens of realised ideas for the Kinder Surprise. But much bigger is the number of designs that did not make it into the capsule at all. The designers were also paid for these, as Heinrich Roth once told me during a visit to his studio. But a realised idea naturally brought in more. Some of these designs leaned heavily on toys that were already known from the trade. Now the task was to accommodate them in the smallest possible space in an egg capsule.

After an initial sketch, the idea was evaluated by Ferrero. If it was deemed successful, the designer was allowed to make a prototype. This was evaluated for its feasibility and suitability for mass production. If the tight budget was not strained too much, nothing stood in the way of realisation. Ferrero now took the helm itself. What is done today on the computer was planned back then by means of construction drawings, and then a colour concept was determined for it. Then the injection moulds were finally ordered. Along with package inserts, the parts were then delivered to private households in Germany, as already mentioned, where they were manually inserted into the capsules. Back

*A complete sale display of the 1985 Jungle Book series with 72 eggs from the period. Sensorically probably no longer flawless, it nevertheless has the value of a mid-range car among collectors.*

at Ferrero, the filled capsules were then wrapped in two halves of milk chocolate and a foil of tin foil, before the eggs finally went on sale in displays of various sizes.

## „Wir sind jetzt mit dabei" (German advertising slogan) - starting signal for the series characters

In the autumn of 1979, blue-and-white characters suddenly appeared in Kinder Surprise all over Germany. Children had known their larger predecessors since 1965 as rubber figures from the Schleich company and since 1973 from the Bully company. It was hard finding one children's room that was not populated by them: the Smurfs! In 1977, the Dutch singer Pierre Kartner alias „Vader Abraham" had an international hit with the „Song of the Smurfs" (original title „Das Lied der Schlümpfe"). Reason enough for Ferrero to test the marketability of these popular figures. The first figurines were made of white plastic with dark blue painting; however, rare versions made of blue plastic with white painting are also known.

*The „Nachtwächterschlumpf" from the series „Erkennst Du Deinen Schlumpf?" On the left as a test figure made of blue base material (value: 15.000 €), in the middle with dark blue painting (value: 900 €), on the right the normal series figure (value: 7,00 €).*

However, the blue Smurfs painted white quickly proved unsuitable. The white paint did not cover the cast seams very well, which was probably not sufficient for Ferrero's increasingly strict quality standards. Today, these first test figures are rarities of the highest quality for which collectors will even pay five-figure sums in perfect condition.

Ferrero obviously tested successfully, so that from autumn 1980 twelve Smurf figures made their way into the yellow capsules: under the series title „Erkennst Du Deinen Schlumpf? Die Super-Mini-Schlumpf-Parade". Unlike subsequent series, whose characters appeared in every seventh egg, the first Smurfs were only represented in every tenth egg. To be honest, it must also be said that the

*The first series of figures is highly sought after by collectors today. But the leaflet is even more valuable than all the figures in the series together. It was simply thrown away more quickly.*

design and painting of this first series of figures needed improvement. Quality, shape and colouring were still far from what the extremely successful animated series „The Smurfs" was to set from April 1983.

In my opinion, however, it was not the Smurfs themselves that were more groundbreaking for the great success and the collecting boom that later emerged, but the leaflet included in each capsule with a figure. A truly ingenious move, because it showed for the first time that the figure just shaken out of the egg belonged to a whole series. The „Eitelkeits-Schlumpf" had eleven friends - from the „Kicherschlumpf" to the „Träumer" to the „Oberschlumpf". Ferrero made use of the simplest instincts; after all, there is a hunter or gatherer in each of us. The instruction leaflets inside told us what we could - and should - hunt and collect. The strategy worked.

As early as 1978, Ferrero had also started to provide Kinder Surprise with colourful paper hats at Easter and Christmas. The hats could either be hung up or an adhesive picture could be peeled off. In the series that were now emerging, these little hats were also used seasonally in order to increase the incentive to buy by means of different motifs.

*Seasonally, Kinder Surprise eggs were provided with little hats. Today, these are also highly sought-after among collectors.*

After the success of the TV series, Ferrero went straight after the Smurfs in 1983. Today, the „Olympiade der Schlümpfe" is the most sought-after series among collectors. The figures „Eierlauf-Schlumpf", „Stelzen-Schlumpf" and „Hüpf-Schlumpfinchen" had the smallest, loosely attachable accessories that disappeared in the nation's hoovers or otherwise in no time. These are the parts that make this series so expensive today.

As early as the 1970s, Ferrero presented the contents of Kinder Surprise with sample cases and dioramas. The first diorama was for the series „Olympiade der Schlümpfe". Since then, almost every new figure series has been presented with such a diorama. Today, dioramas from the 1980s regularly fetch top prices on the collectors' market - provided they are in perfect condition.

From the 1980s onwards, most of the production of these series took place in Portugal and Tunisia. Subsidiaries of the companies Schleich and Heimo, which had already been commissioned by Ferrero to produce the figures in the 1970s, were located there. And production in Portugal and Tunisia was cheaper. It was not until the early 1990s that production was moved to China. There, Ferrero hired hundreds of porcelain painters for the painting. Some collectors have display boards showing about 16-20 examples of a figure in the various stages of painting. The plates indicate which painting step had to be started with and in which order it had to be continued. However, whether one and the same person carried out all the steps, or whether the figures were actually painted in assembly-line fashion by different painters in only one, always identical work step, has not been handed down. Ferrero guards such secrets with the utmost care.

*A representative case with the toys of the 1981/82 season, and the first diorama for the 1983 „Olympiade der Schlümpfe" series. Both pieces are absolute rarities today.*

## Interview

| | |
|---|---|
| Name: | Nathalie Rougelot |
| Year of birth: | 1980 |
| Lives in: | Darmstadt |
| Collects since: | 1991 |

Dear Nathalie,

We have known each other for fifteen to twenty years, I have often been able to count on your support with new photo material for the O-Ei-A price guide, and we are of the same age. That‘s why I‘m particularly curious about your view of things, and I‘d like to ask you a few questions:

Your house is on fire. Which three figures or toys from your collection are you taking with you? And why those in particular?

> I would take my dark blue painted „Schüchternen“ Smurf with his matching flower and my „Hafenwelt” train with red couplings, which is probably a rare prototype. Both are among my favourites in my collection and are very special. Even if money were not a big issue, I could not easily repurchase both.

What was your best or biggest flea market find?

> Maybe not my biggest, but one of my first spectacular finds was the umbrella from Pumuckl Regenkobold. It was on a small thimble set and cost me 20 cents. I couldn‘t believe it was real. The saleswoman didn‘t have anything else for sale at all from Kinder Surprise.

Kinder Surprise was invented for children....actually! What does your best friend or closest adult relative say about your passion for Kinder Surprise?

> The passion for collecting is only smiled at by many. Only collectors - also from other areas - can understand the passion and rejoice with me when I was able to get hold of something new for the collection. They are also impressed by everything that could be found in the egg and was collected by me.

Kinder Surprise will be 50 years old in 2024. What would you say to the makers of Ferrero at the birthday party?

> How much I enjoy their product, Kinder Surprise.

You‘re going to be the head of Ferrero - which character or series would you have appear in Kinder Surprise that has never been in the egg?

> I think I would try to get a new hollow-body series published. Because many of the current series don‘t even excite the children anymore. With hollow bodies, you could certainly pack something simple and yet full of ideas into the egg, with consideration for the production costs.

What advice would you give to newcomers who have just started collecting Kinder Surprise?

> Read up on the subject and get to grips with it. It may seem easier to ask other collectors, but it won‘t get you anywhere in the long run.
> Don‘t give up pieces that don‘t excite you at first too quickly, otherwise you‘ll often be annoyed afterwards.

Thank you very much for your time, dear Nathalie.

The interview was conducted by André Feiler

## Kinder Surprise in Europe

Remarkable is the fact that Ferrero placed the figure series in Kinder Surprise exclusively within West Germany until the early 1990s. All other European countries where Kinder Surprise had been available since the 1970s were exclusively supplied with kits. This was the case in the mother country Italy, in France, Belgium, the Netherlands, Luxembourg, Austria, Denmark, but also in countries of the Eastern Bloc such as Czechoslovakia or Hungary. The only exceptions were a few metal figures and a few Egyptian and pirate figures that appeared in Italy, Austria and possibly France. Even in the GDR, Kinder Surprise was only available in the Intershop. To this day, many European collectors have therefore remained toy collectors rather than figure collectors.

*Vehicles in particular were often produced in many different colour combinations for Kinder Surprise. The collector of today can be happy...*

Since about 1978, Italian companies especially had been commissioned to develop the smallest models for the European market, including GI-ODI, Res Plastic, Castiglioni and Omniplast. What they supplied were vehicles of all kinds in large numbers, such as cars, locomotives, motorbikes, ships and aeroplanes. These models in particular were often produced in the most diverse colour combinations. What children will hardly have noticed at the time is all the more pleasing to the collectors of today. They can really let off steam just by looking at a vehicle series with dozens of colour variations.

The same applies to the numerous and nowadays very popular plug in figure series. Superheroes, pirates, cowboys and Indians, samurai, knights and countless other characters could be assembled as attractive stand-up figures from many individual parts. In addition, there were a variety of games, animals and so-called capsule figures, where the capsule was integrated into the kit. A piece of recycling in the 1970s!

Ferrero said goodbye to toys with warlike content such as this aircraft carrier, fighter jet or tank at an early stage.

Thematically, Ferrero relied on themes that seem more than questionable today, in Germany as well in Europe until around 1980. In the early years, there

10
30
Agip

was no hesitation in bringing war toys such as tanks, battleships or historic fighter jets from the Second World War into the egg. These were attractive models in the eyes of adult collectors today, but completely unsuitable for the target group at the time. Due to the increasing involvement of designers, such war-related themes were eventually no longer used.

*First with 24, from 1986 only with 15 pieces: Puzzles and their leaflets from German Kinder Surprise of the 1980s.*

## THE CULT SERIES IN THE 1980S

Until 1986, Ferrero remained true to its motto of relying exclusively on licensed series that were known through children's television or cinema. These were series such as „The Jungle Book", „Maya the Bee", „Pumuckl" or „Donald Duck". In 1984, the „Tao Tao" series appeared and brought another novelty with it: four puzzles, each consisting of 24 pieces with motifs from the series, were published to accompany the series. The four individual puzzles could then be put together to form one large motif, which was also indicated on the respective instruction leaflets. However, puzzles with 24 pieces were only used until 1985 for the series „Tao Tao" and „The Jungle Book". Unfortunately, the parts could not be firmly connected to each other, and so from 1986 onwards a true puzzle professional was commissioned to produce small quality puzzles: the Ravensburger company. Since then, the puzzles had only 15 pieces, but held together much better.

From 1984 onwards, the image of the Kinder Surprise figures was shaped by a man whose genius was largely responsible for the later collecting boom: the illustrator André Roche. At that time, he was commissioned by Ferrero to create model templates for the figures and to create the graphic design of the puzzles for almost all series.

*I thank André Roche for this masterpiece, which was created especially for this book. (Illustration on the right side)*

Danke euch allen, ihr leidenschaftlichen und unermüdlichen Schatzjäger!
©2021
Auf die nächsten 50 Jahre!
In Freundschaft,
ROCHE

Born in France in 1952, the qualified hotel technician came to Munich in the early 1970s to improve his existing knowledge of German. As a curious person, Roche also learned the profession of animator in various studios there.

Then he worked for the publishing and advertising industry as an independent illustrator from 1975. As a draughtsman and painter, André Roche created about 160 comic stories as well as numerous merchandising illustrations for „Maya the Bee" and others for „Tom and Jerry", „Tao Tao", „Alice in Wonderland", „Nils Holgersson", „Knax", „Wickie" and „The Pink Panther". His success in this industry was based on his revolutionary technique: he had been colouring his comic figures since the 1970s with an airbrush technique that gave the figures a three-dimensionality that was never shown before.

Roche inspired the people in charge at Ferrero so that they trusted him to create his own series of figurines for Kinder Surprise. In this way, the expensive purchase of licences could be avoided, or at least it was worth a try. In 1986 and 1987, they were still timid. In those two years, the series „Happy Frogs" and „Die Tapsi Törtels" appeared, but their motifs already existed on the toy market. André Roche added further characters to the templates he had bought, making eight figures per series, and designed again the series leaflets and puzzles.

The „Tapsi Törtels" became a cult in 1987. But Roche made himself unforgettable one year later with the development of the „Happy Hippos", which are still unique today. While the cute hippos were still rather grey and lazed around on the beach when they first appeared in 1988, their skin colour became much bluer in 1990 and the hippos were „in fitness fever". André Roche gave his characters names that still ring in our ears today, as they were to be found in every subsequent hippo series. If you ask a German man in his mid-forties today about the most famous German women, Angela Merkel is followed by Susi Sonnenschein and Babsy Baby...

*Attention, cult! Almost everyone knows the Happy Hippos.*

Other well-known series from the 1980s were „Donald's flotte Familie" (1987), „Die Fußball-Schlümpfe" (1988), „Die Blumentopfzwerge" (1988-1990), „Micky und seine tollen Freunde" (1989) and Disney's „Aristocats" (1989).

In Germany, the tinker toys of the 1980s were relegated a little to the second row by advertising. After all, the advertising promised that there was a figure in every seventh egg. Everything else was then bound to seem like a loser. However, contemporary witnesses often tell me the same thing, as I also felt at the time: The best eggs were the ones that rattled a lot, because then you knew that there was something to build.

The variety of toys made exclusively for the German market from the Ferrero think tank was really large. Similar to Europe, vehicles dominated here, especially cars, but also railways, motorbikes, ships, aeroplanes and helicopters. Also popular were the „variable play figures" that were released for many years: small plug-in figures that were quite close in size and shape to the well-known mini-figures from the LEGO company. Almost every year, one or more series of pluggable animals appeared, as well as many games and creative toys with great play functions.

Especially from the second half of the 1980s, children could stick various stickers on many toys. In addition to the sticker foil, there was also an instruction leaflet with assembly instructions, which usually went into the wastepaper basket after the work was done. From 1989 onwards, a printed warning became obligatory. Both the tin foil and the instruction leaflet stated that the toy was not suitable for children under the age of three because it contained small parts that could be swallowed. Until the end of the 1980s, the instruction leaflets for toys were mostly black and white, after which they became increasingly colourful on the front.

50
100
25
Mehl
Zucker
Kaffe
Tee
POLICE

## Collecting boom without limits

Already with the first series of the popular Happy Hippos in 1988, interest in the figures increased significantly. But there was still no talk of a collecting boom. It was not until the beginning of the 1990s that interest grew steadily. More and more adults bought their dusty figurines from the children at the flea markets, which had stood for years in the pine veneer cupboard of their youth.

*A typical flea market find from the early 1990s looked like this or similar, for which you had to pay 1 or 2 German marks. Today's value is a three-digit euro amount.*

But what exactly led to so many people becoming enthusiastic about this new field of collecting at this time of all times? One reason may be reunification. In the former GDR, the Kinder Surprise was hardly available. Access to the flea markets of the West may have given interest in the figures a boost.

But presumably collectors from other fields

were simply looking for a new challenge. Collecting Kinder Surprises was simply more colourful than stamps or coins. Not without reason did collecting phone cards and Swatch watches come into fashion at the same time. This also applies to other collectibles that were no less colourful, but for which the interest lasted much shorter than for Kinder Surprise.

To start collecting Kinder Surprise figures, there was no need to strain the wallet in the beginning. Most of the time, the figurines were lying around in shoeboxes at the flea markets, along with the toys that were contemptuously referred to as „tinker toys". The origin of this new passion for collecting cannot be narrowed down to individual regions or even people, it just happened. Collectors from the early days report that the Kinder Surprise trend started a few months earlier in southern Germany, so that people in the north could buy them even more cheaply. Radio and television quickly picked up on the topic and reported on quirky collectors and top amounts paid for a bit of plastic. In short: the market was booming!

André Roche regularly supplied the nation's composing boxes with further lovingly designed series. Series such as „Die Kroko-Schule" (1991), „Peppy Pingos" (1992), „Die Zunft der Zwerge" (1992), „Die Happy Hippos auf dem Traumschiff" (1992), „"Die Crazy Crocos" (1993),

„Die Drolly Dinos" (1993) or „Die Peppy Pingo Party" (1994) are still lying around in many cellars today. In particular, „Die Happy Hippo Company" (1994), which caricatured Susi Sonnenschein and her colleagues at their office work, was a bestseller and achieved a circulation of millions. Hardly a desk, monitor or printer was spared the cuddly hippos, who sometimes painted their nails while talking on the phone, sometimes took a nap over a stack of books or simply played the fat boss.

*Some figures from the „Happy Hippo Company" from 1994.*

The sales increases of Ferrero's Kinder Surprise now broke all records in the confectionery industry. The chocolate egg had become the group's main attraction and had overtaken classics such as Mon Cheri, Ferrero Küsschen and Rocher. This also had an impact on the variety of Kinder Surprise contents. In the 1980s, the number of toys published each year was still in double figures. In the 90s, Ferrero sometimes produced over 200 different new releases per season.

Outside Germany, there was always a completely different collection, but with similar dimensions. Since the beginning of the 1990s, other European countries have also had their own figure series. The first series were the same as those that had existed in Germany shortly before. From 1993 onwards, however, these countries also received series created especially for them, puzzles and also dioramas, but these were distributed all over Europe. Due to the open borders in Europe, a mixture quickly took place and European series were soon in great demand and highly traded in Germany.

*It was not until the 1990s that other European countries got their own figurine series. Now frogs, lions, pandas, condors or penguins could be found in Kinder Surprise.*

Where there is a collecting fever, an incipient market is not far away. Collectors' fairs and exchange clubs were set up in pubs and community centres at an early stage. The largest exchange of its kind by far still takes place several times a year in Dreieich in southern Hesse and attracts thousands of visitors at peak times. As early as 1993, the first professional price guide for figurines appeared with the „O-Ei-A" (modified from „Auweia"), which was to be followed by many other catalogues from a wide variety of publishers in the years to come. In retrospect, the large number of price guides was unnecessary and confusing in every respect, as the valuations of the figures varied greatly from publisher to publisher. But at that time, many people wanted to be part of the business.

*The stack shows how much more or less professional collectors' literature was published simultaneously in Germany in the 1990s. However, only the price guide O-Ei-A has survived until today.*

But collectors' fairs and catalogues alone were not enough. In Germany and abroad, own collector's magazines such as „Das Ei" or "Sammler-Hit" appeared, and the renowned Falken-Verlag published the book „Bunter Sammelspaß aus dem Ei - Kinder Überraschung" by Michael Mosch in 1994. Special sorting boxes were produced in suitable divisions for ten or twelve series figures, as well as albums for the leaflets. During this time, some particularly daring people even quit their day jobs and set up a shop just for Kinder Surprise. At the flea markets, every second stall had Kinder Surprise for sale. Many sellers now in the business commercially ran and set up large stands many metres long, where the focus was on nothing but the little contents from the egg.

The market boomed and the prices for old, rare or fragile figures shot up. Every new series was eagerly awaited, individual figures were hyped up as particularly rare, although objectively speaking they usually were not. Kinder Surprise eggs were pushed out of the supermarkets by the pallet. Long queues formed at the vegetable scales, as people believed they could weigh which egg might contain which figure by means of circulating weight information in the milligram range. If you just wanted to weigh the price of your tomatoes, you had to be patient. A particular bad habit was also very common back then: The chocolate halves were pressed in to get a better grip on the capsule inside, so that an unloved toy could be recognised by the rattling sound. In this way, some fanatics crushed hundreds of chocolate eggs until they thought they had identified enough figures. Ferrero was even forced to point out this problem to collectors by means of a special tag on the pallets.

The massively increased editions of the figure series brought with them an interesting side effect. The figures, which were still hand-painted even at the peak of sales, had small irregularities in the painting more and more frequently, especially from 1994 onwards. Before and also after this time, there were already colour variations that Ferrero definitely wanted; the reasons for this are often unknown to us. Now, however, sometimes an eye was missing, here a button was not painted, there an eyebrow was forgotten, and even imprints were occasionally printed upside down. These small quality defects may have annoyed Ferrero - if the people in charge there noticed these mistakes at all. But the collectors could really be pleased with this certain sloppiness. The attraction lies in the things that not everyone can have. And that is always the case with such random errors, which is why they are usually called unique specimens or coincidences and not variants.

*„Hello friends. Be fair...- and don't crush me!!!" Ferrero felt compelled to appeal to collectors' common sense during the collecting boom.*

The large group of collectors at that time, as today, was diverse. All age groups, social classes and genders were infected, whereby the majority of collectors were and are male. The collector gene seems to be more in the blood of men. And this despite the fact that it is always said that man used to be a „hunter-gatherer", with collecting being attributed more to women. But when it comes to collecting Kinder Surprise figurines, hunting is often in the foreground, a typical male domain.

*When production numbers increase, small mistakes are more frequent, as here with the painting of the eyes of the „Batida" figure from 1991. The collectors can be happy...*

## The 5 most expensive collector‘s items around Kinder Surprise

Not everything that is collected comes straight from the egg. Dioramas that served the purpose of presenting the collection fetch even higher prices. Old pieces are very rare, which is why they occupy the first five places on this hit list. *(Status: July 2023)*

### Diorama „Olympiade der Schlümpfe“ (1983)

1

The dream of all figure collectors. The difficulty of being able to call this diorama with the transparent bonnet and the original egg (yes, with chocolate!) one‘s own has driven up the price of this rare collector‘s item for years.

**18.000 €**

2

### Diorama treasure chest (1975)

The first diorama ever. The value is defined by the original eggs and the outer box.

**14.000 €**

3

## SAMPLE CASE (1981/82)

While dioramas for the presentation of the series remained with the supermarket managers, Ferrero's representatives travelled the country with this case. Only a few pieces are still preserved today.

**12.000 €**

4

## DIORAMA „TAO TAO" WITH POSTER (1984)

The most valuable part of this diorama is the poster. If it is lost, the value is reduced to 1000 €.

**7.500 €**

5

## DIORAMA „BIENE MAJA" (1986)

For this diorama, a generally intact condition is important, especially the original chocolate egg should not be dented.

**6.500 €**

## The 10 most expensive figures and toys from Kinder Surprise

Some pieces from the egg are so rare that collectors willingly spend four or, in one case, even five-figure sums on them. But see for yourself... *(Status: July 2023)*

1

**„Nachtwächterschlumpf", basic material blue, painting white (1979)**

Only in the described version made of blue plastic, which was then painted white, this is the most valuable figure of all.

**15.000 €**

2

**„Musikus", painted dark blue, with long flute of red base material, painted yellow (1979)**

A test version that was only very rarely found in the egg in 1979.

**7.500 €**

3

**„Die Raffinerie - das Herz der Industrie" (1979)**

The refinery from the play world „Der Hafen - das Tor zur Welt" is the most expensive toy. The version with black attachments is somewhat rarer than the one with red attachments.

**7.000 €**

4

**„Drachobert, der Hausdrachen von Freudenberg" (1981)**

This little guy from the play world „Das Ritterfest von Freudenberg" has wings made of paper. Only in top condition does he bring his high market value.

**5.500 €**

## 5 „Pancho, der treue Lastenesel“ (1981)

Also from the „Ritterfest“ play world is the Pancho donkey. However, the high price can only be paid if the green load carrier is not broken - which usually already happened in the egg.

**5.500 €**

## 6 „Exadon, der fürchterliche Burgdrachen“ (1981)

The little brother of Drachobert. Paper tail and the red tip of the tail are particularly often missing.

**5.300 €**

## 7 „Eitelkeits-Schlumpf“, painted dark blue, with mirror and silver mirror surface (1979)

Like the Smurf at place 2, this is a very rare test version of the first Smurfs series.

**5.200 €**

## 8 „Der bärenstarke Container-Laster“ with blue body (1979)

This small truck also comes from the „Hafen“ play world. The blue body and the two loose containers make it rare.

**5.000 €**

## 9 Instruction leaflet for the figure series „Ägypter“ (ca. 1978)

Only a small piece of paper, but damn rare!

**4.000 €**

## 10 Test figure Bill Body „Badewannenchamp“ (1993)

This test figure of a figure from the 1990s may not be pretty - but it is rare!

**4.000 €**

## Undesirable side effects and waning of the boom

Whenever prices in a collecting field rise rapidly, the crooks are also quick to appear - and their fakes with which they cover the market. Kinder Surprise was not immune to this phenomenon. The high collector's value of figurines before 1990 is usually not in the figurines, but in the small, loose and often fragile attachments. A bouquet of flowers, a mirror, a few stilts - these small parts are simply lost or broken more quickly than the actual figure. And so, it is not a surprise that the rarity of some figures and especially their accessories unleashed criminal energies. Injection-moulded fakes, replicas or copies of instruction leaflets soon flooded the market.

*Mass distribution since the 1990s: Counterfeits, especially of the rare accessories, puzzles and leaflets from the 1980s. The trained eye can still spot the differences.*

No wonder, then, that the joy of collecting was soon joined by great uncertainty among many collectors.

Who could still be trusted? Who knew the ropes? From whom could one still buy without hesitation? This scepticism and mistrust were not exactly conducive to collecting. The first collectors who were dissatisfied with this situation therefore began to sell their collections soon. The number of visitors to the fairs declined at the end of the 1990s. And many a collector who had added the new main occupation of „Kinder Surprise dealer" to his curriculum vitae preferred to recall his former skills and looked for employment again.

At the end of the 1990s, other collecting areas sprang up like mushrooms in Germany and Europe, trying to steal the disciples away from Kinder Surprise. Temporarily, they succeeded quite well. In particular, stuffed animals filled with plastic beads from the American company „TY", so-called „Beanie Babies", were very popular with the female and male public. Somewhat more tangible, but completely rampant, was the archiving of brewery trucks. Back then, anyone who bought a crate of beer in the supermarket got a truck with matching advertising print and an accompanying trailer. No wonder that very few of these collectors were women... There was also something new for the children: Pokémon cards and everything to do with the comic mouse Diddl by the cartoonist Thomas Goletz. Many companies like Nestlé or Haribo, which produced food, had already jumped on the bandwagon since the mid-1990s and added their own series of figures to their products. But since Kinder Surprise came first, such figurines are, quite tellingly, called „foreign figurines" by collectors. At the end of the decade, there was hardly a product left without such an addition, at least in my opinion.

At the time, the internet was also cursed as the certain death of all collecting. At the end of the millennium, the internet auction house eBay added a separate section for Kinder Surprise to its platform, which was very quickly extremely well received. However, the new offer was to bring the creeping end to many flea market traders, exchange organisers and shop owners. However, online business simplified international trade, and the hunting

*Cult with young and old: figures from the Asterix series from France and Germany from 1997 and 2000.*

principle was taken to extremes with the auction format and the motto „3-2-1... mine!". During this time, numerous websites with shops, forums and educational reports on the subject of counterfeits also emerged. The best-known and still active websites from Germany are certainly Eierlei.de, Ü-Ei-Portal and Ü-Ei-Stammtisch.

So collecting was changing, but it was far from dead. Ferrero followed up itself with series that were to cause real jubilation among collectors at the end of the 1990s. Two successful Asterix figure series, which had last been available in hard plastic in the Kinder Surprise in the 1970s, appeared in France in 1997 and in Germany and Europe in 2000.

„The Happy Hippo Hollywood Stars" from 1997 and „The Happy Hippo Wedding" from 1999 were once again gigantic sales successes. Figures from the wedding series are still a popular gag on gifts for the most beautiful day of life.

*In 1999, Happy Hippo and Susi Sonnenschein got married.*

## Kinder Surprise and its supporters in the 2000s

At the beginning of the new millennium, and this was noticeable, collecting behaviour had changed significantly. In the previous decade, the vast majority of collectors had considered almost exclusively the well-known figurine series, instruction leaflets, puzzles and metal figures to be worth collecting. Now many collectors were increasingly looking beyond their own horizons. The reason for this was obviously: there was hardly a collector who had not fallen for one or more of the numerous fakes of figurines that had flooded the market for years. In contrast, the many vehicles, plug-in figures and toys moved below the radar of the counterfeit scene. And so, it became more and more fashionable to really collect everything that could be found in Kinder Surprise within a season. The further one wanted to follow this new collecting principle back to the

*It was no longer just the figurines that were the focus of collectors: Kinder Surprise toys fetched ever higher prices from the 2000s onwards. The toys shown all have a four-figure collector's value today.*

1980s and 1970s, the more sensitively the price level rose. Old and at the same time rare or particularly fragile pieces fetched top prices on collector´s fairs or eBay.

At the same time, many collectors began to put their figurines on the market in large quantities, especially the figurines they had taken out of the eggs en masse in the 1990s. This was because prices for these figures in particular had dropped noticeably due to the general decline in interest. Thus, many of the formerly beloved cult series became the epitome of mass-produced goods; and series that had been bought for 25 or 30 German marks barely fetched three or four euros on the internet.

At peak times, there were actually fully comprehensive price catalogues from six different publishers: In addition to the „O-Ei-A" and the so-called SU catalogue, these were the „Allerlei aus dem Ei" from the Schrage publishing house, the „Welz Katalog" from the Welz publishing house, „1. Deutscher Ü-Ei-Preiskatalog" from the Krägermann publishing house and the „mini-ei Preiskatalog" from the Höveler and Pfannholzer publishing house. But gradually most of these price guides were discontinued until the early 2000s. Either the sales figures did not allow for a new edition or the catalogue makers got into financial difficulties due to an overly optimistic estimate of production. Only two publishers succeeded in the long run: the SU-Fantasia-

Verlag with its catalogue „Spielzeug aus dem Ei", and the Platzbecker-Verlag with the „O-Ei-A Preisführer".

In the following years, both publishers increasingly took up the toy trend. There was a real competition to see who could produce the better quality price catalogue. This was a real benefit for collectors, who were presented with more and more content from Kinder Surprise in a short time, which had not been covered anywhere before. Within a few years, the catalogues grew into real tomes that, although initially planned as paperbacks, were guaranteed to no longer fit in any pocket. Responsible for the leap in quality were the collectors and dealers who fed the two publishers in the background with ever new illustrations and information. Well, one of them was me...

For Ferrero, the time of the big cult series from its own think tank and the resulting boundless growth seemed to be over. However, there were very successful licensed series again. The aforementioned Asterix series in 2000 was followed by three truly spectacular series, which were without doubt also among the highest quality: In the years 2001 to 2003, from autumn onwards, parallel to the extremely successful film trilogy „The Lord of the Rings", a separate series of figures could be found in Kinder Surprise. In addition, there were various special figures, special outer packaging and instruction leaflets in different variations.

*The characters from „The Lord of the Rings" trilogy were also so popular because they stayed close to the original actors.*

In 2002, creative mind André Roche also achieved a real masterpiece, an idiosyncratic hybrid series that was both his own creation and licensed. After a five-year break, fans could once again look forward to a Happy Hippos series. A persiflage of his „Star Wars" trilogy, authorised by the creator George Lucas himself, actually made it exclusively into the German Kinder Surprise - with the equally melodious and ironic title „Star Wars - Das Hipperium spielt verrückt" which means „Star Wars - The Hipperium goes crazy". A novelty was a limited special figure, the „Dark Laser - Black Edition", which, unlike the normal series figure, did not have blue skin but black. For many years, this Black Edition remained the figure with the highest value among collectors since the turn of the millennium.

*George Lucas himself authorised this satire of his „Star Wars" films with figures like „Hippoda", „Aubacca" and „Erzwo Hippo". In the back right of the picture, the rare special figure „Dark Laser - Black Edition".*

Through the Asterix comics and the worldwide popular Lord of the Rings and Star Wars films, many fans of these stories became aware of the series of figures from Kinder Surprise. And one or the other of them remained in the Kinder Surprise scene as new collectors.

## New markets - years of expansion

In the early 2000s, Ferrero also expanded its sales markets. Kinder Surprise was also available in Canada, Australia, South America, China, Japan and Hong Kong right now. But the contents mostly consisted only of new editions of figures and toys that had already been found in European eggs a few years earlier. In 2002, however, two entirely new series only appeared for the Japanese market: The Peanuts.

*Even after 20 years, still sought-after figures that were only released in Japan: The Peanuts.*

The success of the „Lord of the Rings" series prompted Ferrero to focus more on licensed series again. After all, this was what Kinder Surprise had made great since the 1970s. It was a perfect match that a new film genre was developed at the beginning of the 2000s: cartoons became animated films. Thus, in the following years, very respectable figure series for the films „The Polar Express" (2005), „The Incredibles" (2005), „Ice Age 2" (2006) and „Shrek 3" (2007) were found in the yellow capsules.

The target group for Ferrero has always remained clearly the same: it is the children and not the collectors for whom the Kinder Surprise was created. Of course, the company was not unaware that the clientele had changed considerably in the 1990s. It was no longer just grandma who brought two Kinder Surprises for the grandchildren from the shops. No, the gigantic growth in sales was due to adults who packed the figurines in velvet boxes and kept them away from children for protection. But until today, Ferrero does not follow what collectors want. Although the company takes note of this phenomenon, it does not take any specific steps to encourage adult collecting.

*From the 2000s onwards, animated films often provided the models for new figure series.*

Personally, I believe that this is the major advantage of Ferrero's Kinder Surprise. There are countless examples of companies that always try to make collecting their products more interesting with special editions. This applies to all sorts of things, like toys, trading cards, stamps or coins. However, it is rather rare that precisely these editions are particularly valuable due to their large print runs; usually the opposite is the case. With figures and toys from Kinder Surprise, collecting is more genuine, original and grown, not artificially produced. And the Ferrero Group's fundamental secrecy about production processes or a possible archive of all figurines and toys that have ever appeared still lends collecting the tingling feeling of mystery. In short, there is always something new to discover or explore, as there are no official confirmations from Ferrero.

The year 2004 brought a technical change that was to have a lasting impact on collecting. Until that year, Germany had maintained its own collections of toys; if the high sales figures of the 1990s in Germany had continued unhindered into the 2000s, this might have remained the case.

However, the EU wide requirements for the sale of food in connection with small-scale toys had increased enormously. Now the same toys and - with many exceptions - also figure series appeared in Europe and even worldwide. However, due to the standardisation, the collection of different contents published in Europe became considerably smaller, which, of course, did not please every collector.

For this purpose, Ferrero had founded a subsidiary based in Luxembourg, the „Magic Production Group", or M.P.G. for short. In addition to the capsule contents, this company also produced short films and animated games. By means of an individual code, the „Magic Code", everyone could play a game on the internet at www.magic-kinder.com, where there were digital prizes to be won, such as colouring pictures. Originally, and already since 2001, these codes were only attached to the figures, but later to all capsules.

*Kinder Surprise goes internet, with the Magic Code.*

However, the decline in variety diversity, which was undesirable from the collectors' point of view, could be compensated from 2006 onwards. For quality reasons, there have always been no Kinder Surprise in the supermarkets during the warm summer months. The thin halves made of milk chocolate were simply too sensitive to the heat. A new product was to remedy the situation and close the summer gap for Ferrero: Kinder Joy. It consisted of two sturdy plastic halves: one with a nut nougat cream and two hazelnut pralines, the other with the coveted figures and toys. Because the yellow capsule was missing, both halves could now be filled a little more expansively due to the larger space available.

The development of Kinder Joy was also to pave the way for further expansion into countries where they had not previously ventured, partly for climatic reasons. In the following years, Kinder Joy was introduced in India, China, Indonesia and on the Arabian Peninsula. However, the classic Kinder Surprise was and is still not available there.

In late summer 2006, on 16 September, Ferrero organised a huge event that was unparalleled. In a park in Bonn Rheinaue, there was to be the „Biggest Children's Surprise Festival of All Time", which definitely succeeded and still makes many collectors go into raptures today. The party served as a promotion campaign for the recently released figure series „Mission Maulwurf 2 – Handtuchkrieg auf Mallorca". This series, an own creation by Ferrero, was promoted exceptionally strongly. The Pete Paparazzo figure, which can be found in Kinder Surprise equipped with a camera and a BILD newspaper, even made it into the tabloid with its own article.

*Also available in summer: Kinder Joy.*

It was a big, classic family festival: with raffles, with food and drink stands, and with performances by well-known German artists like Ben or Sasha. But one stand stood

*Full house at the Kinder Surprise Day 2006 in Bonn. The centrepiece was the big stage in the shape of a gigantic Kinder Surprise.*

out among the collectors: at the „Ronnie Riesenei" stand, every visitor was to receive the special figure of the same name. All those who were curious had to exercise patience, because one to two hours of waiting time in the sweltering heat had to be planned for at the beginning. Unfortunately, there was no continuation of this Kinder Surprise Day in later years, it was to remain a unique event to this day.

*„Pete Paparazzo" and the special figure „Ronnie Riesenei".*

In 2007, after more than 30 years, Ferrero significantly changed an important component in every Kinder Surprise: the two-piece capsule became one-piece. From now on, both halves were to be connected by a bar. The reason for this new, patented shape of the capsule was probably to make it easier to open. In the past, bulging capsules had often been difficult for children's hands to open.

*The Kinder Surprise capsule in fast motion: from the first design from the 1970s and 80s (left in the picture), to the current capsule.*

## Scandal! The so-called „Altfiguren-Krise" (old figure crisis) and its consequences

At the end of 2008, the collector's market was rocked by a real scandal that was to unsettle collectors for a long time to this day. But what had happened? Until 2008, the price catalogues listed numerous figures from the early years of the 1970s whose affiliation to Kinder Surprise was never quite clear. Sure, they fit in the capsules, they were made of hard plastic, and they were certainly nice to look at. Some of them were rare and others even very rare, so that prices up to the high three-digit euro range were gladly paid. However, even then it was known that Ferrero had sourced its figures from the Far East, especially Hong Kong, in those early years.

*The figure from Kinder Surprise, the freedom fighter Paul Revere, and his still packaged likeness from the US toy trade.*

One could by no means be sure that Ferrero had bought these figures exclusively there. But little was known about whom else the toy companies had supplied there.

Then happened, what had to happen: on eBay in the USA, sometimes huge stocks of figurines appeared that were actually top sellers - at least on the German collectors' market. In the USA, however, they were intended in large numbers for the souvenir trade or as cake decorations. The fact that only a few collectors from Germany visited the American eBay platform was exploited by some dealers and collectors in this country. They bought the figures in the USA in large numbers and sold them on the local market as original Kinder Surprise figures. It did not take long for the bombshell to burst nationwide. By then, however, tens of thousands of euros had already changed hands for goods whose value was to plummet towards zero in the following weeks. The internet forums were at their peak at this time. Victims, culprits and owners of different opinions on the subject fell over each other for months. There are also said to have been legal disputes.

What was left behind was a pile of broken pieces, in which price catalogues were now required above all to bring structure and clarity back into this collecting field. After these incidents, many collectors had already given up and turned their backs on Kinder Surprise for good.

After 16 successful years, however, the publisher of the price guide „O-Ei-A", Adrian Platzbecker, had no longer any ambitions to do this necessary educational work. The number of copies, which in the golden 1990s had still been in the high five-figure range, had shrunk into the four-figure range. And so, I followed in his footsteps, having received a crash course in publishing management during a several-day visit to Ochtendung in the Palatinate in summer 2009. At the beginning of 2010, I founded the Feiler Verlagsgesellschaft mbH, which now published the „O-Ei-A". But the new spirit generated a strong headwind, because the „O-Ei-A" was not without competition. The „Katalog - Spielzeug aus dem Ei" from the SU-Fantasia publishing house was equal in terms of sales figures, and the makers naturally want to keep it that way.

The delicate issue of the old figure crisis was swiftly implemented by both publishers. Figures that were listed for years at high ratings but were not from Kinder Surprise at all were consistently deleted. Prices for many figures were corrected significantly downwards. And a colour marking showed collectors now which figures came exclusively from Kinder Surprise and which ones could have another origin.

Then in spring 2011, Ulrich Schwarz, managing director of the SU-Fantasia publishing house, approached me with the request for a conversation. We agreed that it would make more sense in the long run if there was only one price guide for the whole collecting area. But I had just entered the industry and was still full of energy. On the other hand, the business of Ulrich Schwarz was changing and so it was obvious that I acquired the rights to the „Katalog - Spielzeug aus dem Ei". I integrated missing material from the SU into the „O-Ei-A" and published only this price guide. Of course, not everyone liked this, but there was no other option in this new constellation.

*For the 2013 edition, the O-Ei-A also included the missing material from the „Spielzeug aus dem Ei" catalogue. Until then, no price guide had been so comprehensive.*

## The 2010s: Toys, Chocolate - and the Suspense?

By the early 2010s, trading and collecting of Kinder Surprise had shifted almost entirely to the internet. There were hardly any retail shops left, many collector´s fair organisers had given up, all trade magazines had ceased publication; and professional traders had not been seen at the flea markets for a long time. At that time, laymen often asked: „Does anyone still collect these things?" For the outsider, the scene may have been dead as a doornail at the time, and many people still have this impression today. But for the insider it definitely wasn't, only the public presence was no longer. Those who were not exactly internet-savvy, however, were increasingly cut off from the markets, a state that applies to most collectors' markets and will hardly improve today.

In 2011 and 2012, two major themes dominated the collectors' scene. On the one hand, Ferrero switched from the hand-painting of the figures, which had been advertised for decades, to machine painting; it was certainly no surprise that this was not exactly well received. On the other hand, Ferrero invented a new product that still causes head-shaking in large parts of the population today: Kinder Surprise especially for girls. Until then, there was Kinder Surprise for everyone, with toys and figures that were mostly quite unspecific as to the gender of the children. But now it was pink! In addition to the classic Kinder Surprise, there were new separate displays for the girl's egg in clichéd designs. The figure series consisted and still consists mostly of long-legged women of the brands Barbie, WinX or Disney's princesses. Toys were mostly cute animal children or plastic jewellery that also had to glitter neatly.

The press slammed the launch as old-fashioned. In times when everything is pushing for equality and trying to smooth out or harmonise gender differences, this step really did seem completely superfluous and out of time. In 2018, Ferrero relented and even turned the tables. From now on, the „Classic" and the „Pink" Kinder Surprise were available for everyone. The Classic Kinder Surprise is intended to appeal to a target group more interested in technology and nature, the Pink Kinder Surprise to a somewhat more playful clientele. Those who still claim that nothing has really changed could now easily be convinced that they are still stuck in gendered thinking. One can only say: Ferrero's marketing department had pulled its head out of the noose with bravura. Since then, the press has taken at least a much milder approach to the issue.

However, the introduction of the girl's Kinder Surprise was not at all conducive to the diversity of characters. Since then, almost exclusively licensed series have appeared whose characters are often repeated from series to series in slightly different forms. With the multitude of series from „Ice Age", „Barbie", „Disney's Princess", „Hello Kitty", „Masha and the Bear", „Minions" and the „Avengers" superheroes from Marvel, it's easy to lose track of which character is part of which series. Even the new series of „Smurfs", which were longed for years ago, become tiresome when they appear almost every year. But as long as the same licences continue to appeal to children internationally, the complaints of ageing collectors will probably not be heard. As already written: At Ferrero, the children are the kings, not the collectors.

*Sometimes difficult to assign to a specific series: Figures from Kinder Surprise especially for girls.*

One bright spot was a series in 2014, the year when the Kinder Surprise celebrated its 40th birthday. „Die Überraschungs-Party" was a series of 14 characters made

*Still nice to look at, but for collectors the air is unfortunately often gone after various new editions of figures from popular children's series.*

up of many cult figures. Here, suddenly, there were Hippos, Törtels and Pingos in the capsule again, this time united in one series, the plastic fulfilment for every nostalgic person. Ferrero had also thought of a special figure, the „Golden Marylinchen". It could only be found sporadically in special packaging: The hunting season was once again open!

The second half of the 2010s rumbled along without much excitement. The presence of Kinder Surprise in supermarkets decreased significantly, and large clusters of

*Certainly the most successful series of the last decade: „Die Überraschungsparty" from 2014.*

bulging displays along the most important routes in the supermarket are rarely to be seen anymore. Discussions about Kinder Surprise are increasingly taking place on Facebook, leaving the classic internet forums orphaned. Some even decide to close their forum forever for these and other reasons. However, it is pleasing to see that Facebook, eBay and the like are increasingly uniting the fans of the Kinder Surprise into a multicultural community, whose members then first exchange via WhatsApp and finally by post.

Kinder Joy finally conquers the US market. In the USA, there is a strict ban on bringing toys onto the market that are completely encased in something edible. Therefore, Ferrero had tried in vain for a long time to place the classic Kinder Surprise in the USA. With Kinder Joy, this hurdle could now be overcome: Toy and chocolate were next to each other in the egg, the toy no longer completely surrounded by chocolate. In the first few years, Ferrero brought various new editions from the European assortment into the Kinder Joy in the USA, but in the meantime the USA gets its own series of figures.

## Im Interview

| | |
|---|---|
| Name: | Ralf Grimm |
| Year of birth: | 1962 |
| Lives in: | Warstein (NW) |
| Collecting since: | 2020* |

Dear Ralf,
We know each other through eBay and you have often visited my collectors' fair in Bremen, although it is not exactly around the corner for you from Warstein. So you must be a passionate collector, which is why I was happy to choose you as an interview partner. Let's go!

Your house is on fire. Which three figures or toys from your collection are you taking with you? And why those in particular?

> I took it upon myself to save the little robot „RALPHY" because I personally took him out of the egg in 1987. This happened completely by chance, because at that time collecting was far from my mind. Besides, he is

** Exactly since the first Corona Lockdown, so only since the beginning of 2020, but with a lot of passion and heart and soul!*

my namesake and has always accompanied me since then. The second figure is „Elvis der Gitarrist", a capsule figure from 1982/83. I am also a guitarist and think that he can hardly be replaced. The third in the bunch is „Erna, der Blitz von Schrondorf", also from 1982, because I find the name unbelievably funny and the figure as an everyday heroine heartbreaking.

What was your best or biggest flea market find?

This will definitely have been the „Eitelkeits-Schlumpf" together with the mirror. At the in collectors' fair in Bremen, however, I first realised through the appraisal of an accomplished exhibitor that it was even the rare „Strawberry Smurf" plus „Strawberry Mirror", a particularly rare variant with a mirror made of strawberry-red plastic.

Kinder Surprise was invented for children....actually! What does your best friend or closest adult relative say about your passion for Kinder Surprise?

My girlfriend has supported this openly and without prejudice from the very beginning. From time to time, for example at Easter or Christmas, she makes a sideboard available to me in her flat, where I then set up a small exhibition that is also well received by other visitors. Only when I wanted to put up my Kinder Surprise bed linen, she thought it was „kind of weird" - so it continues to live out its existence as a collector's item in a drawer.

Kinder Surprise will be 50 years old in 2024. What would you say to the makers of Ferrero at the birthday party?

I would like to see a historical archive for all Kinder Surprise content from yesterday to today. This should be accessible to interested visitors like a museum. I would also like to work there.

You're going to be the head of Ferrero - which character or series would you have appear in Kinder Surprise that has never been in the egg?

Clearly my favourite super-hero „Deadpool" with his comrades-in-arms or even opponents.

What advice would you give to newcomers who have just started collecting Kinder Surprise?

Jump in at the deep end and get an older collection in a big box. It's like a puzzle because many figures and toys are in pieces. Of course you need patience and the help of illustrations (e.g. from the price guide O-Ei-A), but you really learn a lot about the different contents and, with a bit of luck, you may even find a treasure. And of course: It‘s better to go for quality right from the start and not buy so many sets just because they are cheap; you don‘t need ten sets of „Aqualand“.

Thank you very much for your time, dear Ralf.

The interview was conducted by André Feiler

## 2020 to 2023 - A revival in crisis years

Right at the beginning of the new decade, the COVID-19 pandemic spread all over the world. We have all experienced what followed. For the collectors' scene, the side effects were initially manageable, because the market had shifted to the internet for the most part over the past 20 years anyway. At first, only a few people found it difficult to do without collector's fairs. The remaining events of this kind - hardly more than a handful in the whole of Germany anyway - had to struggle with a strong decline in visitors in the 2010s anyway.

Now, in the absence of real alternatives, many people had plenty of time to finally clean out their cellars and attics. And of course, very often there was still a box with the Kinder Surprise collection that had been lovingly cherished in the 1990s but was now very dusty. What to do? The larger part decided to offer the figures to a dealer. But the professional sellers waved them off: There were too many figures from the boom phase on the market, there was no interest. So a large part of these collections probably went back to where they came from.

But a noticeable number of the former collectors actually got a taste for it again and continued to collect. What else could one do with one's time in the lockdown? And those who were already active collectors were happy to be able to continue a hobby. Collecting was suddenly trendy again. All the classic collection themes enjoyed great popularity - and Kinder Surprise was definitely one of them. The willingness to invest larger sums in one's collection was suddenly present again, not only among a broader range of established collectors, but also among many new collectors. Thus, the well-known laws of the market economy took effect: what is in demand and also rare becomes more expensive. The prices for top-class figures experienced a strong upward push, but also newer and many older, middle-class series with popular characters increased noticeably in price.

*Sign forest in Bremen: the first collectors' fair during the COVID-19 pandemic in late summer 2021.*

In 2022, the restrictions that the pandemic had brought with it decreased noticeably for all of us. However, Russia's attack on Ukraine caused energy and food prices to rise sharply, and consumer sentiment waned.

There was now less money left for hobbies, and so the recent pandemic-related hype was put into perspective again. The collectors' fairs reopened, but were only modestly attended at the beginning. I was able to publish the „O-Ei-A" price guides only digitally for the first time because of the high printing costs, which are strongly linked to energy prices. I did not consider it justifiable to double the sales prices.

Meanwhile, Ferrero remained true to its path, still relying for the most part on well-known characters from current children's TV series and films worldwide. In 2020, Ferrero entered an increasingly digital age with the „Applaydu" app. The toys and figures shaken out of the egg were to be linked even more closely with a specially created virtual world with a playful but also educational approach. An absolutely right step if you want to continue to inspire children and also parents for your product.

## An outlook

But how will it continue, with Kinder Surprise, with the collecting? You can see that it has already mastered quite a few ups and downs. Often already believed dead, but still there. Like many collection themes, Kinder Surprise has one problem above all: there is a lack of new blood. The typical newcomer is very rarely under 30 years old. It is true that business with Kinder Surprise still seems to be going well for Ferrero, because after all they have expanded across the globe over the decades and have always adapted their product to the spirit of the times. But the target group, i.e. children, hardly ever become collectors today, not even when they get older.

Collecting has changed enormously in the last 30 years. While in the 1990s the spectrum hardly went beyond the figurine series that had appeared up to that point and perhaps the puzzles and leaflets, collecting today is more diverse, but often also more specialized. Collectors have become fewer, certainly. But those who collect today are on average much more professional. This, of course, is the result of three decades of research in the field, the results of which reach collectors through price guides and relevant websites on the internet. The general price level for collectibles has held up well and in many areas even increased massively; for the collecting of those who had turned their backs on the scene early on hardly went beyond two set boxes of run-of-the-mill figures. And while the centre of the collecting passion in the boom years was in Germany, today the passion for Kinder Surprise is a global phenomenon. If you want to be successful, be it in exchange or in sales, you have to position yourself internationally. As a trader, it used to be enough to cover a catchment area of 20 km around one's home: perhaps a shop, a stand at one of the countless collector´s fairs at the time and a weekly presence at flea markets. Today, however, you should also be prepared to send your figures to Argentina or Indonesia.

My own fascination for the collecting field is unbroken, even though I myself have not been an active collector for many years, but a dealer, a collector´s fairs organizer and publisher of the „O-Ei-A" price catalogues. In the beginning it was a strange feeling to tell people what you do for a living. Especially among men who did something „tangible", the whole thing seemed anything but down-to-earth, sometimes downright ridiculous. Over time, however, and with many positive reactions, I gained more and more self-confidence and can now proudly tell people how I earn my living. In the meantime, the whole thing has grown into a family business, because after the birth of our son, my wife did not return to her job as a geologist, but now works alongside me every day.

Since the topic of sustainability is increasingly occupying us, I am very curious to see which paths Ferrero in particular will take in the coming years. I think a globally marketed disposable toy made of all-plastic is hardly justifiable today, in five to ten years at the latest. The people in charge at Ferrero will certainly have to think more ecologically.

For the future of collecting, I see three trend-setting factors that will determine further development: Kinder Surprise must remain in the retail trade; the internet platforms such as eBay, which are important for the international collectors' market, must be preserved; and I consider a price guide to be equally indispensable. Time will tell how long we can continue to build on these pillars.

I sincerely hope that the Kinder Surprise scene remains colourful, lively and active. Collecting is not just a pastime for individuals; collecting is also a cultural achievement with tradition that creates community and preserves knowledge and experience. This applies to many areas of collecting - but also and especially to the colourful world of Kinder Surprise.

## ABOUT THE COLLECTING OF KINDER SURPRISE...

Collecting definitely has a raison d'être, especially in a world that is spinning faster and faster. Collecting can slow us down, can take us away from the often dull, stressful everyday life into a different, colourful world for a while as we occupy ourselves with our small treasures. Almost everyone has had this experience, sometimes more, sometimes less intensively. And if not: try it out, it's worth it!

Collectors are in good, colourful company. There is hardly a type of collector who has never been infected by the fever of collecting: From Goethe to footballers to construction tycoons, all kinds of characters can be recognized in the collector community. Works of art on canvas or in stone, vintage cars, stamps, dolls and other toys to coins, minerals or autographs - everything is collected that arouses a sufficiently great attraction and the desire to be possessed.

This also applies to fans of Kinder Surprise: I know doctors and tax officials, bus drivers and lawyers, philosophers and band workers, the unemployed and many more who have succumbed to the fascination of the miniature worlds from Kinder Surprise. The collector world even recorded an international rock star (yes, Lemmy Kilmister, frontman of the heavy metal band „Motörhead", collected Kinder Surprise!). Hard plastic figures are often collected, but not exclusively. Tinkering toys, puzzles, cars, jewellery, plug-in figures, ships, play worlds, instruction leaflets, aeroplanes and everything else that has sprung from the imagination of the Ferrero developers are more or less well ordered on shelves that often fill entire rooms.

Collecting is the orderly storage of objects worthy of preservation, including the hunting of objects, which is to collecting as cooking is to eating. Understood in this way, collecting is a serious and culturally significant achievement for a society. Now, „Fussballschlümpfe", Tao-Tao puzzles or carriages from the „Westernland" play world may not be Goethe letters or paintings by Van Gogh, but they are nonetheless culture, everyday culture, formative impressions of generations, mirrors of zeitgeist and fashions. And there are not only nostalgic reasons for collecting objects, even from Kinder Surprise. Orderly storage provides insights that would not be possible at all without collecting - only through the disconnected, haphazard storage and sporadic attention paid to the objects. In this way, collectors contribute to the collective consciousness, to the culture of memory of entire generations, by generating knowledge and preserving cultural assets. The fun is free.

Such an understanding of collecting presupposes a sincere interest in the objects. There is no room for other motives among true collectors. The fascination remains for years and drives them to continue collecting. Beyond that, they are guided by curiosity, by research into the background, contexts and origins of the objects. In this respect, Kinder Surprise collectors are no different from art, autograph or coin collectors. What you collect often depends on chance, nostalgic finds, spontaneous enthusiasm and, admittedly, also on one's wallet. But how and for what purpose someone collects is a question of attitude and determines whether he merely accumulates values or develops the field of collecting as a genuine collector together with others.

Some collectors, however, are dominated by ostentation, boasting of knowledge and courting admiration instead of enlightenment, and a fixation on value-economic rather than aesthetic questions and enjoyment of the objects. Anyone can collect the most precious treasures of art or other works - as long as their wallet is bulging enough - and gain envy and the greatest recognition from people with smaller wallets. It is no different with rare, valuable figurines and toys from Kinder Surprise. The price, however, is high. This accumulation is without joy, and every genuine collector has that for free. Sincere collectors, on the other hand, we recognize by their passion for the objects of the collecting field, the childlike enthusiasm and naive curiosity, in other words, by the fact that they are always concerned with collecting and not with secondary purposes for which collecting is only a means. With them, every figurine is still a figurine and not a share in hard plastic. These collectors are what is called enthusiasts for the objects in their collecting field. If only because of the wittiness and cleverness of the Kinder Surprise contents, we find many enthusiasts among Kinder Surprise collectors.

## ...AND THE COLLECTORS: OF HUNTERS, EXPLORERS AND NOSTALGICS

As a dealer, I deal with a wide variety of collector types on a daily basis. Most collectors have something of several types and are not just either this or that. With the following little tongue-in-cheek collector typology, many will recognize themselves right away - or their fellow collectors from the flea market front.

## HUNTER

From Monday to Friday, he recuperates in the office. Because on Saturdays and Sundays the alarm clock rings between 3 and 4 am. The flea market is calling; he wants to be the first, and he has to be the first. Because other hunters also get up early. His prey: rarities from the grab-boxes of the ignorant. After ten years, he still dreams of a „Pumuckl Regenkobold" for 50 cents, a complete plug-in-figure Sandokan in a set box, „Kampfpferd Nero" from the play world Ritterfest in the Playmobil box or other rarities for little money. Until he finds them, he chases all the other treasures out of Kinder Surprise. At bargain prices, of course! Sellers who demand more than one euro for his treasures see him turn up his nose. His risk: back pain. He still bends down at two o'clock in the afternoon to rummage through the last box under a flea market stall.

## Capital investor

He has the same personal relationship to his Kinder Surprise treasures as he does to real estate or shares - namely none. The main thing is that they are valuable, crisis-proof and have a high profit margin. He is not really a collector, but hopes for a return and invests his money in plastic and paper. And he sells the figurines, toys and leaflets again when the profit made is high enough. Risks: Fire, burglary - and a crash on the Kinder Surprise market. And a waste of time, because he has no joy in collecting. Because he is not interested in his figurines, he does not know, even after years of squinting at values, that the „Happy Hippo Company" from 1994 is one of the most valuable (and, incidentally, funniest) figurine sets.

## Specialists

Many collectors collect everything that has ever been in a Kinder Surprise capsule. The shelves are colourfully and diversely stocked - but never complete. Some collectors want more, so they specialize. In some areas, for example, it is possible to assemble a complete collection even on a modest budget. With casual disdain, the specialist ignores other specialities. For example, some collectors may know the eleventh variant of a car model, but cannot distinguish hippos from pingos.

## Self-promoter

My house, my car, my collection of Kinder Surprise figurines - the self-promoter is an open person without secrets. He emails photos of his figures to any collector who doesn't ask for them. He likes to surround himself with other collectors - if their collection is worth considerably less than his. He finds collectors who have more interesting pieces than he does arrogant. He is only interested in recognition, not the value of his pieces. That is why he sells them (and tells everyone how much he got for them) before he starts a new hobby.

## Lovers

The gourmet among collectors: he collects because he enjoys the figurines, leaflets or toys. He knows the value of his collection, but the fascination is the focus, and in this respect every Daisy Duck is as valuable to him as a „Hüpf-Schlumpfine". Many a rarity adorns his collection. But he is still happy about every Pumuckl he finds at the flea market. He likes to swap with fellow collectors - if only because he enjoys talking shop with like-minded people. He is not interested in fluctuations at the Kinder Surprise market - he would only sell his collection in an emergency.

## FANATIC

His biggest competitor is everyone - and he thinks he is everyone's biggest competitor. When a collector rummages in a box at the flea market, he boldly reaches over his shoulder, rummages with him and pushes him aside. When a collector offers a seller three euros for a figurine, he offers five. And on his way from one flea market to the next, he drives through the 30 zone at 70 km/h to get there before the others.

## Nostalgic

Birthday: sometime in the late 1960s, 70s or early 80s. He grew up with Kinder Surprise, but also played with Big Jim and built cities out of Lego. Until his mother threw everything away when he reached puberty. Today, the nostalgic man does archaeology on his own account. With wide eyes, he marvels at old toys that miraculously survived other puberties long before the collecting boom. That's why he collects not only everything that came in a Kinder Surprise capsule, but also action figures and many other things. His big dream is to travel back in time to the 1970s and 80s. In his fantasy, he then buys pallets of Kinder Surprise eggs at the corner shop, stows them airtight in boxes and buries them - only to dig them all up again in the present.

## Researcher

He is the scientist among the knowledgeable, the one with the light in the darkness of the Kinder Surprise universe - in short: he is the one everyone needs, because otherwise no one would be able to see through the variety of Surprise miniatures. He finances his research with his middle-class existence. He doesn't look at his figures, vehicles and toys - he dissects them. He has each piece at least seven or eight times - different each time, of course. With magnifying glass, UV light, tape measure or scales, he measures, weighs and compares his Kinder Surprise contents: a different print here, a different painting there, with or without identification. He also collects all the information about interesting finds and the origin of his pieces. Variants are his hobbyhorse; fakes don't stand a chance with him. Unlike self-promoters, he knows what he is talking about. As a researcher, he likes to let others benefit from his knowledge. Without him, collecting Kinder Surprise might have been history long ago.

**Retirement investor**

An investor - but one who thinks long-term and is not out for quick profits. That's why he also takes pleasure in his Kinder Surprise collection . The retirement investor keeps everything he has found in attics, bought at flea markets or bought at eBay auctions. He stacks his finds by the hundredweight in display cabinets, cupboards and folding baskets, in plastic bags or sorting boxes. He saves nothing extra for his pension. And he doesn't need to, because he is convinced that he will be able to finance many a cruise later on with his Kinder Surprise treasures.

## Smurfs are not all the same - what matters!

Finally, I would like to talk a little bit from the sewing box. As if I were a 90-year-old stock market guru, I am often asked which figures or toys are on the rise and in which sub-sectors one should invest. Since I don't own a crystal ball and could do very little with it, I can only give curious people some advice with which they can perhaps answer this question for themselves. Because the answer depends on a number of factors that sometimes intertwine to a greater or lesser extent and influence the relationship between supply and demand.

## The age

All in all, probably the most important factor. The collecting boom started at the beginning of the 1990s, and it was so huge that flea markets, cellars and attics were quickly emptied. The topic of Kinder Surprise was regularly in the media, and the number of collectors rose rapidly in the 1990s. The result: no one carelessly disposed of the figures they had just shaken out of the egg in the rubbish anymore, but kept everything neatly. After all, one had once heard that this was definitely worth something. However, many thought that they were the only ones who were so careful with their treasures. In reality, however, it was many

*The „Eierlauf-Schlumpf" from 1983, pictured right, is worth about a thousand times as much as its colleague from 2008.*

hundreds of thousands of people who then brought their supposed treasures to the market, especially from around the year 2000 onwards - often via auction houses on the internet and in total far more than the market could ever have absorbed at a good price. In the 1970s and 1980s, the conditions were quite different. Nobody would have believed that Smurfs or Pumuckl figurines would ever be traded among collectors. Often the figures were carelessly thrown away in the rubbish when tidying up a youth's room. And many small parts ended up in the hoover. Since the beginning of the 90s, it was just the other way round. And so today we can say: figures and toys from around 1992 onwards have, with a few exceptions, a rather low collector's value.

## The frequency

Not all old pieces from the 70s automatically have a high collector's value. In the beginning, many Ferrero toys and figures were bought in large quantities in Asia. They were not only sold in Kinder Surprise, but also in toy shops or with other products as extras. So age alone does not make a figurine valuable if it was already sold in large quantities at the time. Since sales of Kinder Surprise increased enormously in the 1990s, it is not surprising that the distribution of the toys increased steadily over time and that newer objects are generally more common than older ones.

## Completeness and preservation

Many older objects are also rarer because accessories have been lost over the years. A „Stelzenschlumpf" from 1983, for example, is worth several hundred euros - if its stilts are still present. If the two stilts are missing, the value is reduced to a maximum of 10 euros, and even then only if the figure is in immaculate condition. With visible paint defects, this figurine hardly brings more than 1 to 2 euros. Even with the filigree toys, parts are often missing, which significantly reduces the collector's value. Or glue has been applied for better hold. Almost every object has its special weak point where something is often missing, broken off or glue has been applied. The advantage with toys: With a little luck, a complete toy can be put together again from two incomplete, identical pieces. A good general condition and completeness therefore have a decisive influence on the value.

## Variants and coincidences

Sometimes the small difference makes the price: an actually low-value figure can become interesting for collectors because of a missing brush stroke. Many collectors have specialized in deviating paintings, productions in other colours, colour shades, shapes and even production defects. A Smurf that is actually only worth a few euros can sometimes fetch three or four figures - if the shade of blue is significantly lighter or darker than the usual series figure. However, such figures are correspondingly rare. The same applies to other figures and also toys: the clearer the deviation, the more interesting for collectors!

## Popularity

Extremely rare and incredibly fragile, but not as high valued as some other collector's items. The „Dschunke" is just a ship, and only a few people collect ships.

A toy can be so old, rare and well preserved - yet hardly anyone is interested in it. The reasons can be different. In the case of figurines, series related to films, serials or comics are generally more popular because they are additionally collected by people who are otherwise not Kinder Surprise collectors. They simply feel addressed by these characters because they have seen the film or read the comic in their childhood. With toys, on the other hand, the visual appearance is important. Many toys since around 1990 are no longer as detailed as models from the 80s. Old toys from the 70s and 80s were often more „models" than toys; they are correspondingly more fragile, nostalgic and therefore simply nicer to look at.

## Originality

Of course, every figurine and every toy must be original from a Ferrero Kinder Surprise egg to be collectible for Kinder Surprise collectors. Fakes and replicas are worthless and can only be used to fill gaps in a serious collection.

*It has to be original for the true collector: The smurf „Der Schüchterne", original on the left, with fake bouquet on the right.*

## Interview with Ferrero

Hello, Mr Grünewald,

Thank you very much for taking the time for this interview on behalf of Ferrero. As a product designer, you have been with the company since 1996 and, as head developer for Kinder Surprise, you, together with your team, are largely responsible for the development of the figures and toys we find in the capsules and also in Kinder Joy all over the world. The fact that you are answering my questions today is a great honor for me, the collectors will be very pleased.

The occasion for our conversation is festive: in 2024, Kinder Surprise will be 50 years old. What is Ferrero planning for its 50th birthday? The collectors naturally hope for something special, an event or a special series, as there was also for the 40th anniversary.

> It is still too early to present concrete plans here. The planning is underway and there will be something, but this time we will probably be a little more reserved for the anniversary than in the past.

In the 1970s and 80s, Kinder Surprise was purely a children's toy, a souvenir, covered in chocolate. It was not until the early 1990s it became a popular collector's item and cult object. How did Ferrero perceive the collection boom internally? What has Ferrero done to support the boom?

> Kinder Surprise was always intended to give children a little joy. In doing so, we have always oriented ourselves to the respective spirit of the times and placed special emphasis on high quality. It was a wonderful confirmation to see how collectors also discovered their enthusiasm for our small objects. Nevertheless, we have always remained true to our basic idea and have never developed concepts to reinforce this phenomenon.

And perhaps this is precisely the reason for the „cult". Because it came into being unplanned, developed out of the collectors' community itself - quite naturally. This genuine and authentic element is what makes this enthusiasm so special.

Any artificial promotion of the joy of collecting would only have weakened this natural element. It makes us all the more proud how much collectors have remained loyal to the little figures and toys.

*Uwe Grünewald (left), head developer at Ferrero for Kinder Surprise worldwide, and André Feiler in front of display boards of the Ferrero archive.*

A lot of changes in 50 years, and certainly also the buying behavior of the children and adult customers. How did Ferrero manage to keep Kinder Surprise popular over such a long period of time and at the same time against imitators?

> The original always has a special place - in everything in life. It is important to continuously develop an original and adapt to the spirit of the times without losing sight of the basic DNA - the original idea. As an original, you must stay true to yourself, then your customers will also stay true.

For a long time, many collectors have wished for a museum that could accommodate the many Ferrero products and, of course, especially Kinder Surprise. What considerations or even plans does Ferrero have for this?

> There are no concrete plans for a Kinder Surprise museum now. But I can say this much: not only the collectors would be happy about such a museum, but there are also many among our colleagues who have this wish - and I admit that I myself am one of them.

Many mysteries surround the first period in the 1970s in particular. What was in Kinder Surprise, what wasn‘t, where did it come from? How does Ferrero document all the figures and toys from Kinder Surprise since 1974?

Even though we are very reluctant to publish such documentation, we of course know which series and toys were included in Kinder Surprise in which year. At Ferrero's place of origin, in Alba, Italy, this information is documented just as it is here in Frankfurt. Our discretion may awaken one or two myths, but our internal archive is clearly more unspectacular than some might think.

When will the nostalgic Kinder Surprise with retro content for adults be available? Or did I just give you an idea?

As already mentioned, it is enormously important for us to remain true to our origins and our target group. This does not categorically exclude nostalgia, so I am happy to take your idea on board - who knows: maybe we can surprise here too in the future.

From the idea to the sale in the shop - what is the career of a Kinder Surprise toy?

Of course, we want our assortment to be varied and surprising in order to please as many people as possible. Fundamental decisions on themes are made together with the marketing department. This involves both current game phenomena and „evergreens". Not to forget the development of the series, which are designed e.g. for the start of the season or special occasions (Easter, Christmas, ...). Then the ideas are put down on paper and refined if necessary. Once the design has been finalized, model making can begin. Nowadays, this is all done digitally with CAD systems. The finished model is then printed out in a 3D printer. Now we have it in our hands for the first time and can see whether it looks and functions as intended. Of course, the most important question is: Will everything fit into the capsule or Kinder Joy? Once the basics have been clarified, all the relevant safety checks are carried out. Especially because small parts are involved and there is also food - the chocolate -, this has absolute priority. Over time, Ferrero has introduced very strict safety checks that go far beyond the legal requirements. Our goal is to develop a product that is interesting for children and our fans, has a play effect and offers the best possible safety.

Once the model has passed all the checks and has turned out the way we imagined, it goes into production. Of course, safety and functional checks are carried out again and again during this phase. If it is a licensed series, the licensor is also involved. He approves the final appearance of his license. Once produced and in the capsule (or Kinder Joy), it goes to the chocolate factory and finally becomes Kinder Surprise or Kinder Joy.

Many successful character series were licensed series, such as the Smurfs, Pumuckl or Disney series. Where does the impulse for such series come from? Do you approach the licensors or do Disney & Co. suggest figurine series for Kinder Surprise to the people in charge at Ferrero?

> The ideas always come from us. As already mentioned, we try to develop series or work with licenses that are up to date and make an exciting realisation possible. Of course, the timing has to be right, because the production of the toys, which also have to be „in the egg", requires some lead time.

In recent years, collectors have noticed that figurine series have become often repeat. There have been several series on Masha and the Bear, Miraculous, Marvel Avengers or the Smurfs. Why are some licenses to be found again and again in Kinder Surprise?

> Some series and characters are permanently so sought after and attractive among our target group that we take this enthusiasm into account. In addition, many of these characters also fit wonderfully with our philosophy. It's all about joy, excitement and surprise effects. That's why such recurring themes are definitely part of the concept.

*The use of licensed series has always been an important issue for Ferrero. The picture shows representative licensed figures from six decades, from the 1970s to the 2020s.*

How does the Ferrero think tank find out what's in vogue with children, both for the advertised figurine series and for the other toys? What are the country-specific differences?

> We closely observe the media world of our target group and analyse trends in all markets in which we are represented. In addition, many of our colleagues are parents themselves - this should not be underestimated. Not least because of the internet, tastes in different countries are converging more and more. This is especially true for the big Disney series or, for example, the Minions. That's why the country-specific differences

are no longer so great. Two examples: We developed a series with NBA mascots for Kinder Joy USA. Then there are mini-series, e.g. for Chinese New Year, which are only available in the corresponding region.

Not only CO2, but also plastic is increasingly falling into disrepute. What ideas does Ferrero have to make Kinder Surprise more sustainable in the future? Perhaps the capsule made of cardboard, paper instead of tin foil, figures made of bamboo?

Sustainability is not only an extremely important topic for our toys, but also influences all decisions at Ferrero

*Sustainability is one of the most important topics for Ferrero in terms of production. This is also the case at the production facility in Stadtallendorf, Hesse. (image source: Ferrero)*

worldwide. There is now no area where sustainability issues are not taken into account. Our sustainability management is based on four pillars: Protecting the environment, responsible consumption, sustainable sourcing and empowering people worldwide. Anyone can get an overview of our efforts on our sustainability website www.ferrerosustainability.com.

When it comes to Kinder Surprise, almost all collectors only talk about what's inside. But what about the trappings? What flavours of chocolate can we hope for in the next 50 years?

Of course, we want to meet the tastes of children and young-at-heart adults and remain true to ourselves. But here, too, we have „our ear" to the market. For example, the big egg, Kinder Gran Sorpresa, is also available with dark chocolate (only in Italy). But to your question about how we will develop here, I can only answer: Let yourself be surprised!

The interview was conducted by André Feiler.

## ACKNOWLEDGEMENTS

At the end, I would like to thank everyone whose cooperation made this book possible.

First of all, I would like to say thank you to the corporation on which everything is based. Without Ferrero, there would be no worldwide passion for collecting and another „vocation“ for me. Thank you for the invitation to Frankfurt, the great tour and the insightful interview with Uwe Grünewald.

I thank my wife Katharina for the lively exchange around this book. Your female perspective on the content and also the linguistic component is simply indispensable in such projects.

A big thank you goes to Axel and Gina Schlote. In your function as editor and provider of ideas, you, Axel, are enormously important for a book like this. Gina‘s caricatures - at first just a spontaneous idea of mine - turned out simply brilliant.

Involving you in this book project, Emily, was new territory for both of us. You weren‘t familiar with editorial work, of course, and so I taught you the things that were important to you in a few video meetings. I really enjoyed it, and the way you contributed to this book alongside school, riding, driving school and growing up, and had my back, was a great achievement. Thank you for your great contribution!

Thank you, Boris, for your expertise. Much of the information in this book is based on your knowledge, but also on your exchanges with former designers of and suppliers to Ferrero. By discussing the not always clear facts, many a mistake could be avoided in advance.

I thank André Roche for his successful greeting to all collectors in this book. Without you, the enthusiasm for collecting Kinder Surprise would not have reached these heights in the 1990s, I am sure.

I would like to thank Nathalie Rougelot and Ralf Grimm for giving us an insight into your very personal collectors' world and view of Kinder Surprise through the interviews you conducted.

I would also like to thank Peter Schuster and Denis Walecki for contributing various pictures that simply made the book more diverse.

A big thank you to Heidi Dumbleton from beautiful Cornwall in the south of England for checking the English translation. We did better than expected.

And to give the whole thing a worthy setting, as always, it needed the skills of Rico Steger. Only with your ideas for the design and the preparation for printing can such a book be put into practice.

Finally, a big thank you goes to all those who have accompanied me on my way for over 25 years and thus created the basis for this book!

# Jetzt Deine Exemplare sichern!

**O-Ei-A Figuren 2024/25**

694 Seiten | Preis: 16,95 EUR
ISBN: 978-3-944550-35-0

**O-Ei-A Spielzeug 2024/25**

1308 Seiten | Preis: 19,95 EUR
ISBN: 978-3-944550-36-7

**O-Ei-A Spezial**

1252 Seiten | Preis: 19,95 EUR
ISBN: 978-3-944550-37-4

**50 Jahre Überraschungs-Ei**
deutsch/englisch
260 Seiten | Preis: 9,95 EUR
ISBN: 978-3-944550-38-1

## 3er Bundle + 50 Jahre Ü-Ei im Jubiläumsschuber

**O-Ei-A Figuren + O-Ei-A Spielzeug**
**+ O-Ei-A Spezial (9.Auflage) + 50 Jahre Überraschungs-Ei**
Preis: 54,90 EUR (Preisvorteil fast 12 EUR)
ISBN: 978-3-944550-40-4

**jetzt bestellen unter www.feiler-verlag.de oder überall im Buchhandel**